CONTENTS

ARMプロセッサ活用記事全集
[1700頁収録CD-ROM付き]

■ **付属CD-ROMの使い方** ……………………………………………………… 2

■ **CD-ROM収録記事一覧** …………………………………………………… 4

■ **基礎知識**

    Armadillo開発者が魅せられた世界
 第1章 **ARMプロセッサの過去，現在，未来**　實吉智裕 …………… 12

■ **記事ダイジェスト**

    ARMプロセッサ誕生の歴史から最新動向まで
 第2章 **アーキテクチャ** ………………………………………………… 22

    デバイスの構成と内蔵機能の使い方
 第3章 **マイコン/SoC** …………………………………………………… 28

    市販/雑誌付属基板の活用と周辺回路設計
 第4章 **ボード** …………………………………………………………… 38

    C言語によるプログラミングの基礎からミドルウェアまで
 第5章 **ソフトウェア開発** ……………………………………………… 56

    Android, Linux, μITRON
 第6章 **OS** ………………………………………………………………… 66

    センサ・データの処理やモータ制御，音声/画像処理など
 第7章 **製作事例** ………………………………………………………… 72

付属CD-ROMの使い方

本書には，記事PDFを収録したCD-ROMを付属しています．

● ご利用方法

本CD-ROMは，自動起動しません．WindowsのExplorerでCD-ROMドライブを開いてください．

CD-ROMに収録されているindex.htmファイルを，Webブラウザで表示してください．記事一覧のメニュー画面が表示されます（図1）．

記事タイトルをクリックすると，記事が表示されます．Webブラウザ内で記事が表示された場合，メニューに戻るときにはWebブラウザの戻るボタンをクリックしてください．

各記事のPDFファイルは，arm_pdfフォルダに収録されています．所望のPDFファイルをPDF閲覧ソフトウェアで直接開くこともできます．

本CD-ROMに収録されているPDFの全文検索ができます．検索するには，CD-ROM内のarm_search.pdxをダブルクリックします．Adobe Readerが起動し，検索ウインドウが開くので，検索したい用語を入力します．結果の一覧から表示したい記事を選択します（図2）．

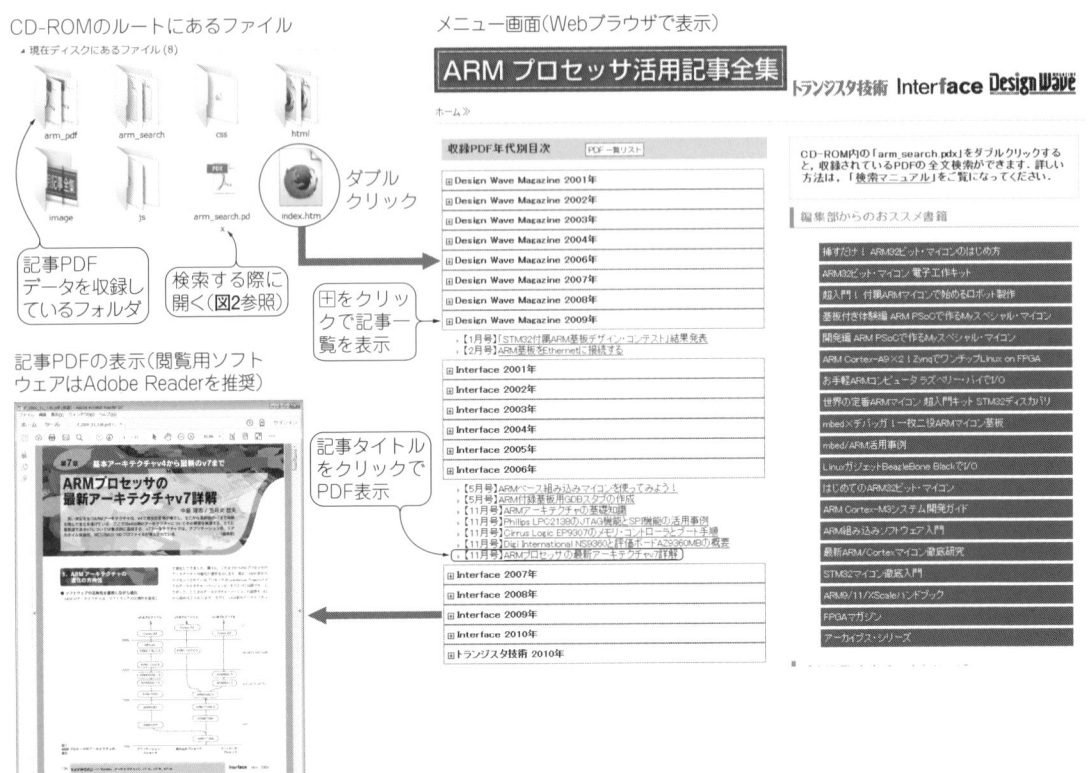

図1　記事PDFの表示方法

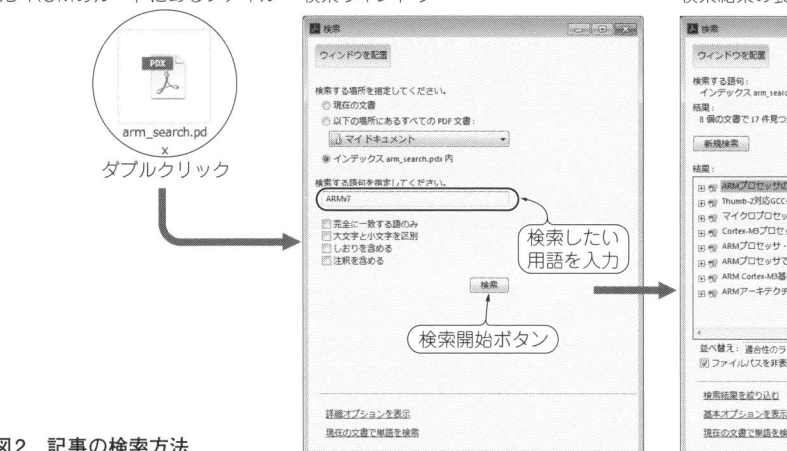

図2 記事の検索方法

●利用に当たってのご注意

（1）CD-ROMに収録のPDFファイルを利用するためには，PDF閲覧用のソフトウェアが必要です．PDF閲覧用のソフトウェアは，Adobe社のAdobe Reader最新版のご利用を推奨します．Adobe Readerの最新版は，Adobe社のWebサイトからダウンロードできます．

　Adobe社のWebサイト　http://www.adobe.com/jp/

（2）ご利用のパソコンやWebブラウザの環境（バージョンや設定など）によっては，メニュー画面の表示が崩れたり，期待通りに動作しない可能性があります．その際は，PDFファイルをPDF閲覧ソフトウェアで直接開いてください．各記事のPDFファイルは，CD-ROMのarm_pdfフォルダに収録されています．なお，メニュー画面は，Windows 7のInternet Explorer 11，Firefox 43，Chrome 47，Opera 34による動作を確認しています．

（3）メニュー画面の中には，一部Webサイトへのリンクが含まれています．Webサイトをアクセスする際には，インターネット接続環境が必要になります．インターネット接続環境がなくても記事PDFファイルの表示は可能です．

（4）記事PDFの内容は，雑誌掲載時のままで，本書の発行に合わせた修正は行っていません．このため記事の中には最新動向とは異なる説明が含まれる場合があります．また，社名や連絡先が変わっている場合があります．

（5）著作権者の許可が得られないなどの理由で，記事の一部を削除していることがあります．また，一部のページのみ用紙サイズが異なっていたり，ページの一部または全体が白紙で表示されたりすることがあります．

●PDFファイルの表示・印刷に関するご注意

（1）ご利用のシステムにインストールされているフォントの種類によって，文字の表示イメージは雑誌掲載時と異なります．また，一部の文字（人名用漢字，中国文字など）は正しく表示されない場合があります．

（2）雑誌では回路図などの図面に特殊なフォントを使用していますので，一部の文字（例えば欧文のIなど）のサイズがほかとそろわない場合があります．

（3）雑誌ではプログラム・リストやCAD出力の回路図などの一部をスキャナによる画像取り込みで掲載している場合があります．また，印刷とPDFでは，解像度が異なります．このため，画像等の表示・印刷は細部が見にくくなる部分があります．

（4）PDF化に際して，発行時点で確認された誤植や印刷ミスを修正してあります．そのため，行数の増減などにより，印刷紙面と本文・図表などの位置が変更されている部分があります．

（5）Webブラウザなど，ほかのアプリケーションの中で表示するような場合，Adobe Reader以外のPDF閲覧ソフトウェア（表示機能）が動作している場合があります．Adobe Reader以外のPDF閲覧ソフトウェアでは正しく表示されないことが考えられます．Webブラウザ内で正しく表示されない場合は，Adobe Readerで直接表示してみてください．

（6）古いバージョンのPDF閲覧ソフトウェアでは正しく表示されないことが考えられます．Windows 7のAdobe Reader 11による表示を確認しています．

●本書付属CD-ROMについてのご注意

　本書付属のCD-ROMに収録されたプログラムやデータなどは，著作権法により保護されています．従って，特別な表記のない限り，付属CD-ROMを貸与または改変，個人で使用する場合を除き，複写・複製（コピー）はできません．また，付属CD-ROMに収録したプログラムやデータなどを利用することにより発生した損害などに関して，CQ出版社および著作権者は責任を負いかねますのでご了承ください．

ARMプロセッサ活用記事全集

CD-ROM収録記事一覧

　本書付属CD-ROMには，トランジスタ技術，Interface，Design Wave Magazine 2001年1月号から2010年12月号までに掲載された記事のPDFファイルが収録されています．ただし，著作権者の許可を得られなかった記事や，ARMプロセッサに関する話題が含まれていても説明がほとんどない記事，今後の企画で収録予定の記事などは収録されていません．

　本書付属CD-ROMに収録の記事は以下の通りです（ページ数は雑誌掲載時のものでPDFのページ数と異なる場合がある）．収録記事の大部分については，第2章以降で，テーマごとに分類して概要を紹介しています．

■トランジスタ技術

掲載号	記事タイトル	シリーズ・タイトル	ページ数	PDFファイル名
2010年 3月号	フリーの開発環境でパソコン通信データ・ロガーを製作 **USBに挿すだけ！ブートローダ内蔵 ARMマイコンAT91SAM7X256**		9	2010_03_201.pdf
8月号	デバッガ付きで約3,000円！USBに挿してCortex-M3コアを体験しよう！ **ARMマイコン評価キット LPCXpresso LPC1343**	ディジタルIC探訪	4	2010_08_167.pdf
9月号	ROMに書き込み済みのライブラリでファイル・システムやUSBメモリ操作も簡単に **ARM Cortex-M3コア・マイコン Stellaris LM3S3748**	ディジタルIC探訪	6	2010_09_165.pdf
	ウェブ上でコンパイル！USB経由のドラッグ＆ドロップで簡単書き込み **超お手軽ARMマイコン開発キットmbed**		4	2010_09_171.pdf
10月号	CPLDや24ch DNAを搭載し，アナログ性能も向上 **アナログもディジタルも一新！PSoC3 CY8C3866**	ディジタルIC探訪	7	2010_10_165.pdf
11月号	電力線を通してマイコンどうしでちょっとしたデータをやりとりできる **電力線搬送モデム用IC AMIS-49587試用レポート**		7	2010_11_211.pdf

■Design Wave Magazine

掲載号	記事タイトル	シリーズ・タイトル	ページ数	PDFファイル名
2001年 2月号	ARMプロセッサのJava拡張"Jazelle" **既存のプロセッサ・アーキテクチャを拡張して高速処理**	重点企画 Java Chip Strikes Back！	6	dw2001_02_095.pdf
7月号	マイクロプロセッサ内蔵のPLDと開発ボードを活用する **インターネット・アプライアンスの設計**	特集 ディジタル家電のインターフェース設計（第2章）	12	dw2001_07_037.pdf
10月号	**Intel社のXScaleとの付き合いかた**	Mr. M.P.Iのプロセッサ・レビュー（第11回）	1	dw2001_10_123.pdf
2002年 5月号	**続 Intel社のXScaleとの付き合いかた**	Mr. M.P.Iのプロセッサ・レビュー（第14回）	1	dw2002_05_083.pdf
6月号	Altera社ARM-based Excaliburの場合 **PLDデバイス・アーキテクトの決断**		8	dw2002_06_086.pdf
7月号	**ARM11を発表したARM社の思惑**	Mr. M.P.Iのプロセッサ・レビュー（第15回）	1	dw2002_07_095.pdf
9月号	SH-3，Pentium，ARMのメモリ保護機能 **メモリ管理のしくみとプロセッサへの実装**	特集2 ソフトウェア部品流通の基盤を整えたITRON（第2章）	20	dw2002_09_082.pdf
2003年 2月号	ET（Embedded Technology）2002レポート **μITRONやARMプロセッサ関連の話題が目白押し**		2	dw2003_02_156.pdf
12月号	ヘテロジニアスなマルチプロセッサ構成が主流に **組み込みプロセッサの最新動向**	特集1 組み込みプロセッサ技術の新潮流（第1章）	5	dw2003_12_024.pdf
	チャネル方式を導入し従来のAMBAバスから大きく変更 **AMBA 3.0に追加された高性能バス用のAXI仕様**	特集1 組み込みプロセッサ技術の新潮流（第4章）	11	dw2003_12_047.pdf
	OMAPにおける処理分担とコアの接続 **マルチコア・プロセッサのファームウェア開発**	特集1 組み込みプロセッサ技術の新潮流（第7章）	8	dw2003_12_073.pdf
2004年 11月号	キャッシュの共有，割り込みの共有，OSによる制御 **今さら聞けないマルチプロセッサの基礎，教えます**		9	dw2004_11_047.pdf

掲載号		記事タイトル	シリーズ・タイトル	ページ数	PDFファイル名
2006年 3月号		4004の登場からシステムLSIの普及まで **システム設計とマイクロプロセッサ**	特集 付属ARM基板を使ったシステム開発チュートリアル（第1章）	3	dw2006_03_040.pdf
		搭載部品，オプション部品，使いかた **本誌付属ARM基板の概要**	特集 付属ARM基板を使ったシステム開発チュートリアル（第2章）	5	dw2006_03_043.pdf
		高精度A-D/D-Aコンバータ＋マイクロコントローラ **ADuC7000シリーズの概要**	特集 付属ARM基板を使ったシステム開発チュートリアル（第3章）	9	dw2006_03_048.pdf
		二つの統合開発環境とPLA設計ツール **ADuC7026開発ツールの使いかた**	特集 付属ARM基板を使ったシステム開発チュートリアル（第4章）	22	dw2006_03_057.pdf
		PLA設計をマスタする	特集 付属ARM基板を使ったシステム開発チュートリアル（Appendix A）	4	dw2006_03_079.pdf
		GCCによる開発とInsightによるデバッグ **GNUツールを使ったADuC7026開発**	特集 付属ARM基板を使ったシステム開発チュートリアル（第5章）	8	dw2006_03_083.pdf
		付属基板で動作するソフトウェアの記述法 **組み込みCプログラミングの第一歩**	特集 付属ARM基板を使ったシステム開発チュートリアル（第6章）	8	dw2006_03_091.pdf
		RAMでプログラムを動かす	特集 付属ARM基板を使ったシステム開発チュートリアル（Appendix B）	3	dw2006_03_099.pdf
		内蔵A-D/D-Aコンバータを活用して自動制御を実現する **PID制御の実験**	特集 付属ARM基板を使ったシステム開発チュートリアル（第7章）	7	dw2006_03_102.pdf
		USB Mass Storage Classに対応した簡易計測器 **アナログ・データ・キャプチャの製作**	特集 付属ARM基板を使ったシステム開発チュートリアル（第8章）	11	dw2006_03_109.pdf
4月号		LSI設計者は「ファミリ」に，ソフト開発者は「アーキテクチャ」に注目 **アーキテクチャの視点で見たARMコアの変遷と動向**	特集1 ARMベース・システムLSIを作る，使う（第1章）	6	dw2006_04_024.pdf
		プロセッサIPのビジネス・モデルと設計手法 **ARMコアの導入からシステムLSI設計まで**	特集1 ARMベース・システムLSIを作る，使う（第2章）	9	dw2006_04_030.pdf
		本誌2006年3月号付属ARM7基板上にTOPPERS/JSP1.4.2を移植 **ARMプロセッサの上でリアルタイムOSを動かす**	特集1 ARMベース・システムLSIを作る，使う（第3章）	11	dw2006_04_039.pdf
		本誌2006年3月号付属ARM7基板による実時間制御応用事例 **ARMプロセッサでレーザ・ディスプレイ装置を実現する**	特集1 ARMベース・システムLSIを作る，使う（第4章）	10	dw2006_04_050.pdf
		本誌2006年3月号付属ARM7基板による音声処理応用事例 **ARMプロセッサでオーディオ・オシロスコープを実現する**	特集1 ARMベース・システムLSIを作る，使う（第5章）	24	dw2006_04_060.pdf
5月号		CPUの選択，バス構成，グラフィックス処理やビデオ表示制御の取り扱い **ARMベース・システムLSI開発の事例研究**		14	dw2006_05_109.pdf
8月号		非同期技術で低消費電力，低ピーク電流，低電磁放射を実現 **クロックレスARMプロセッサの 　　アーキテクチャと非同期方式の効果**		9	dw2006_08_110.pdf
2007年 10月号		208ピンFPGA基板＋画像フレーム基板，ADuC7026インターフェース回路，ブロック崩しゲーム **画像フレーム・メモリとFPGAを使った 　　画像処理プラットホーム**	特集2 FPGA基板で始める画像処理回路入門 Part2（第1章）	7	dw2007_10_066.pdf
		FPGAにマイクロプロセッサを接続して制御能力を高める **ADuC7026インターフェース回路の設計**	特集2 FPGA基板で始める画像処理回路入門 Part2（第2章）	7	dw2007_10_073.pdf
		FPGAで動かすレトロ調ゲーム **ブロック崩しゲームの製作**	特集2 FPGA基板で始める画像処理回路入門 Part2（第3章）	5	dw2007_10_080.pdf
2008年 4月号		5月号付属基板プレリリース **ARM新系列コアCortex-M3と付属基板設計コンセプト**		4	dw2008_04_101.pdf
5月号		低消費電力，低コストの新しいプロセッサ・コア **ARM Cortex-M3付属基板で始める 　　組み込みマイクロコントローラ入門**	特集 付属ARM Cortex-M3プロセッサ基板を使ったシステム開発チュートリアル（第1章）	5	dw2008_05_052.pdf
		付属基板に書き込まれているプログラムを動かしてみよう **3軸加速度センサの出力表示と簡単ゲーム 　　「カエルがぴょん」**	特集 付属ARM Cortex-M3プロセッサ基板を使ったシステム開発チュートリアル（第2章）	4	dw2008_05_057.pdf
		「カエルがぴょん」を動かすための準備 **JavaとFlash Playerの 　　動作確認とインストール方法**	特集 付属ARM Cortex-M3プロセッサ基板を使ったシステム開発チュートリアル（Appendix 1）	2	dw2008_05_061.pdf
		ARMアーキテクチャの昨日，今日，明日 **ARMプロセッサ・シリーズとCortex-M3の概要**	特集 付属ARM Cortex-M3プロセッサ基板を使ったシステム開発チュートリアル（第3章）	7	dw2008_05_063.pdf
		回路設計と部品の実装，拡張ベースボードによる機能拡張 **本誌付属ARM Cortex-M3基板の概要**	特集 付属ARM Cortex-M3プロセッサ基板を使ったシステム開発チュートリアル（第5章）	9	dw2008_05_088.pdf

ARMプロセッサ活用記事全集

掲載号	記事タイトル	シリーズ・タイトル	ページ数	PDFファイル名
5月号	ゲーム機Wiiに採用されたデバイス **MEMS加速度センサの選び方，使い方**	特集 付属ARM Cortex-M3プロセッサ基板を使ったシステム開発チュートリアル（Appendix 2）	4	dw2008_05_097.pdf
	付属基板のプログラミングの前にすること **プログラム開発ツールの準備**	特集 付属ARM Cortex-M3プロセッサ基板を使ったシステム開発チュートリアル（第6章）	6	dw2008_05_101.pdf
	USBダウンローダ対応プログラムのスタート番地設定 **開発ツールを使ったプログラム開発の初歩**	特集 付属ARM Cortex-M3プロセッサ基板を使ったシステム開発チュートリアル（第7章）	7	dw2008_05_107.pdf
	付属基板の最大の特徴USBダウンローダを使おう **追加部品の実装とDFUによるプログラム書き込み手順**	特集 付属ARM Cortex-M3プロセッサ基板を使ったシステム開発チュートリアル（第8章）	10	dw2008_05_114.pdf
6月号	付属ARM基板を活用してシステム開発にチャレンジ **「組み込みシステム開発」事始め**	特集1 ARM 基板を使ったシステム開発の基礎（第0章）	2	dw2008_06_036.pdf
	STM32を活用した応用システム開発に役立つ **5月号付属ARM基板用ベースボードの開発**	特集1 ARM 基板を使ったシステム開発の基礎（第1章）	9	dw2008_06_038.pdf
	ARM基板の加速度センサを活用した **USB「空中マウス」の製作**	特集1 ARM 基板を使ったシステム開発の基礎（第2章）	9	dw2008_06_047.pdf
	GCCによる開発とInsightによるデバッグ **GNUを使ったSTM32の開発ツールの製作**	特集1 ARM 基板を使ったシステム開発の基礎（第4章）	14	dw2008_06_062.pdf
	無償ツールと市販部品でARMプログラミングを満喫！ **ARMプロセッサで使える汎用JTAGデバッガを自作する**	特集1 ARM 基板を使ったシステム開発の基礎（第5章）	13	dw2008_06_076.pdf
	ARMコアの導入の仕方からシステムLSIの設計まで **システムLSI設計をするための　ARMプロセッサ・コアの選び方**	特集1 ARM 基板を使ったシステム開発の基礎（第6章）	12	dw2008_06_089.pdf
	システムの概要とサーボモータの制御	連載 ARMプロセッサを使用したロボット制御システムの製作（第1回）	10	dw2008_06_123.pdf
7月号	書き込みアドレスやコンパイル・バージョンの設定方法 **5月号付属ARM基板を使いこなすためのポイント**		7	dw2008_07_093.pdf
	16チャネルのアナログ信号波形を表示できる **ARM基板を用いた波形ビューワの製作**		3	dw2008_07_100.pdf
	複数のセンサからのアナログ信号を　効率良く内蔵RAMに取り込む	連載 ARMプロセッサを使用したロボット制御システムの製作（第2回）	7	dw2008_07_130.pdf
8月号	各種ペリフェラルを備えた新しいi.MX27マイコン周辺回路 **ARM9搭載映像記録システムのクロック，リセット，電源設計**	特集 ボードのクロック＆リセット設計入門（第3章）	10	dw2008_08_042.pdf
	ARM基板と有機ELタッチパネルを使った　星空ナビゲータの製作	連載 体感型プラネタリウムを製作して夜空を探検しよう（第1回）	18	dw2008_08_081.pdf
	μITRON仕様のμC3/Compactを移植する **ARM Cortex-M3プロセッサ上でリアルタイムOSを動かす**		12	dw2008_08_118.pdf
9月号	**6軸センサの活用方法とプログラム構造**	連載 体感型プラネタリウムを製作して夜空を探検しよう（第2回）	16	dw2008_09_093.pdf
	GPSモジュールの値をパソコンに取り込む	連載 ARMプロセッサを使用したロボット制御システムの製作	8	dw2008_09_155.pdf
10月号	本誌5月号付属ARM基板とその拡張ボードを利用したシステムの開発例 **USBスピーカ・システム＆仮想COMポートの製作**		4	dw2008_10_107.pdf
	天体の視位置計算入門	連載 体感型プラネタリウムを製作して夜空を探検しよう（第3回）	13	dw2008_10_111.pdf
11月号	**ロボットのふらつき防止制御とモーションの保存**	連載 ARMプロセッサを使用したロボット制御システムの製作（第4回）	7	dw2008_11_094.pdf
12月号	M1-ProASIC3/M1-Fusionレビュー **FPGAでARM Cortex-M1プロセッサを使う　《ハードウェア編》**	特集 "FPGAマイコン"活用テクニック（第2章）	10	dw2008_12_033.pdf
	ソフトウェア開発環境の評価と割り込みを使用したソフトウェア開発 **FPGAでARM Cortex-M1プロセッサを使う　《ソフトウェア編》**	特集 "FPGAマイコン"活用テクニック（第3章）	10	dw2008_12_043.pdf
2009年 1月号	**「STM32付属ARM基板デザイン・コンテスト」　結果発表**		1	dw2009_01_136.pdf
2月号	ARMプロセッサを使用したロボット制御システムの製作 **ARM基板をEthernetに接続する**	連載 ARMプロセッサを使用したロボット制御システムの製作（第5回）	9	dw2009_02_109.pdf

■Interface

掲載号	記事タイトル	シリーズ・タイトル	ページ数	PDFファイル名
2001年 7月号	ARMアーキテクチャの概要	連載 ARMプロセッサ徹底活用研究（第1回）	9	if_2001_07_191.pdf
9月号	MN1A7T0200詳解	連載 ARMプロセッサ徹底活用研究（第3回）	9	if_2001_09_161.pdf
10月号	CQ RISC評価キット/ARM7活用入門	連載 ARMプロセッサ徹底活用研究（第4回）	5	if_2001_10_162.pdf
12月号	PDAプラットホーム事例で見る QNXにおける組み込みメソッド	特集 リアルタイムOS選択のポイント（第4章）	5	if_2001_12_078.pdf
	オープンソースOSによるリアルタイム環境の構築 eCosの現状とiPAQへのインストール	特集 リアルタイムOS選択のポイント（第5章）	10	if_2001_12_083.pdf
	タイマを使った割り込みプログラミング	連載 ARMプロセッサ徹底活用研究（第5回）	7	if_2001_12_150.pdf
2002年 1月号	JavaアクセラレーションテクノロジARM Jazelle	連載 ARMプロセッサ徹底活用研究（第6回）	4	if_2002_01_110.pdf
2月号	最新ARMアーキテクチャARM 10	連載 ARMプロセッサ徹底活用研究（第7回）	9	if_2002_02_142.pdf
3月号	ARM7TDMI MN1A7T0200について	特集 組み込み向けCプログラミングの基礎（Appendix 1）	3	if_2002_03_054.pdf
	環境構築からソース入力，コンパイルまで 実践！組み込みCプログラミング	特集 組み込み向けCプログラミングの基礎（第3章）	12	if_2002_03_057.pdf
	CQ RISC評価キット/ARM7について	特集 組み込み向けCプログラミングの基礎（Appendix 2）	6	if_2002_03_069.pdf
	コンパイルが通ったのになぜ動かない？/ROMとは？/最適化とは？ デバッグの方法とROM化プログラミング	特集 組み込み向けCプログラミングの基礎（第4章）	7	if_2002_03_075.pdf
	ARM純正コンパイラの使い方	特集 組み込み向けCプログラミングの基礎（Appendix 3）	3	if_2002_03_082.pdf
4月号	CQ RISC評価キット/ARM7でMMCを読み書きする マルチメディアカードインターフェースの実装事例		9	if_2002_04_134.pdf
7月号	Linux搭載PC/104バス対応ARM7CPUボード Armadilloの概要と使用方法		9	if_2002_07_121.pdf
11月号	ARMプロセッサ搭載評価ボードのいろいろ	特集 徹底解説！ARMプロセッサ（Appendix）	3	if_2002_11_116.pdf
2003年 2月号	Linux上で動作する無線通信システムを構築する Bluetoothプロトコルスタックの開発と検証	特集 ワイヤレスネットワーク技術入門（第2章）	11	if_2003_02_048.pdf
6月号	LinuxによるVoIPを実現する オープンソースで作るIP電話	特集 TCP/IPの現在とVoIP技術の全貌（第7章）	8	if_2003_06_116.pdf
	PXA25x/PXA26xアプリケーションプロセッサ解説	連載 XScaleプロセッサ徹底活用研究（第1回）	12	if_2003_06_153.pdf
7月号	XScaleプロセッサのプログラミング	連載 XScaleプロセッサ徹底活用研究（第2回）	8	if_2003_07_128.pdf
9月号	USBターゲットプログラミング事例	連載 XScaleプロセッサ徹底活用研究（第3回）	8	if_2003_09_168.pdf
11月号	「組込みLinux評価キット」(ELRK)を使った Webサーバの構築	連載 組み込みLinuxをとりまく世界（第3回）	6	if_2003_11_175.pdf
12月号	PCカード/CompactFlashソケットの実装	連載 XScaleプロセッサ徹底活用研究（第4回）	10	if_2003_12_138.pdf
2004年 2月号	CPUローカルバスの制御方法と PCIバスブリッジの実装	連載 XScaleプロセッサ徹底活用研究（第5回）	9	if_2004_02_146.pdf
5月号	CodeWarriorを使用した組み込み開発 統合開発環境を用いた組み込み開発の事例	特集 組み込みシステムの世界へようこそ！（第5章）	11	if_2004_05_076.pdf
11月号	JSPカーネル移植のための基礎知識	連載 TOPPERSで学ぶRTOS技術（第9回）	6	if_2004_11_192.pdf
12月号	ターゲットへのTOPPERSの移植	連載 TOPPERSで学ぶRTOS技術（第10回）	6	if_2004_12_168.pdf
2005年 1月号	Windows＋Cygwin環境にGCCなどをインストールする GNUツールによるクロス開発環境を構築しよう	特集 フリー・ソフトウェア活用組み込みプログラミング（第2章）	6	if_2005_01_054.pdf
	クロス・コンパイラ方法やリンカ・スクリプトを理解する ターゲットCPU向けコンパイルと実行をしてみよう	特集 フリー・ソフトウェア活用組み込みプログラミング（第3章）	7	if_2005_01_060.pdf
	printfでコンソールにメッセージを表示できる C言語標準ライブラリ(newlib)を使ってみよう	特集 フリー・ソフトウェア活用組み込みプログラミング（第4章）	6	if_2005_01_067.pdf

ARMプロセッサ活用記事全集

掲載号	記事タイトル	シリーズ・タイトル	ページ数	PDFファイル名
2005年 1月号	GCCを使ってXScale評価キットの性能をはかる **ARM/Thumb混在プログラムの作成とARM性能評価**	特集 フリー・ソフトウェア活用組み込みプログラミング（Appendix 1）	5	if_2005_01_073.pdf
	GNUツールのデバッガを使いこなそう **GDB+Insightによる実機デバッグ環境を構築しよう**	特集 フリー・ソフトウェア活用組み込みプログラミング（第5章）	13	if_2005_01_078.pdf
	電源ONでROMから起動させるために **プログラムのROM化手法の実際**	特集 フリー・ソフトウェア活用組み込みプログラミング（第6章）	5	if_2005_01_096.pdf
	プログラム・ダウンロード機能やGDBスタブ機能を実装する **ブート・プログラムeCos RedBootの使い方と活用事例**	特集 フリー・ソフトウェア活用組み込みプログラミング（第7章）	9	if_2005_01_101.pdf
2月号	**デバイス・ドライバの移植とカーネル移植の完了**	連載 TOPPERSで学ぶRTOS技術（第11回）	7	if_2005_02_109.pdf
3月号	**ゲームボーイアドバンスで動作するTOPPERS/JSPカーネル**	連載 TOPPERSで学ぶRTOS技術（第12回）	11	if_2005_03_156.pdf
9月号	PC/104バスによる拡張も容易な組み込み向けボードArmadillo-9 **Linux対応ARM9プロセッサ・ボードの概要と活用方法**		10	if_2005_09_153.pdf
11月号	ARM7用プログラムをGCC/GDB/Insightを使って手軽に開発 **安価なARM7 CPUボードでJTAGツールを使おう（前編）**		9	if_2005_11_140.pdf
12月号	ARM7用プログラムをGCC/GDB/Insightを使って手軽に開発 **安価なARM7 CPUボードでJTAGツールを使おう（後編）**		8	if_2005_12_182.pdf
2006年 5月号	デザインウェーブマガジン3月号の付録基板で試す **ARMベース組み込みマイコンを使ってみよう！**	特集 組み込みマイコン・ボード活用の基礎知識（第5章）	17	if_2006_05_083.pdf
	Insightでデバッグできるようにする **ARM付録基板用GDBスタブの作成**	特集 組み込みマイコン・ボード活用の基礎知識（Appendix）	10	if_2006_05_100.pdf
11月号	ARMアーキテクチャとコア・ファミリのいろいろ **ARMアーキテクチャの基礎知識**	特集 ARMプロセッサ実践活用テクニック（第1章）	12	if_2006_11_064.pdf
	安価なUSB接続JTAGツールを使ったARM7TDMIのソフト開発 **Philips LPC2138のJTAG機能とSPI機能の活用事例**	特集 ARMプロセッサ実践活用テクニック（第3章）	14	if_2006_11_084.pdf
	ARM920Tコア搭載ネットワーク機器向けプロセッサの使い方 **Cirrus Logic EP9307のメモリ・コントローラとブート手順**	特集 ARMプロセッサ実践活用テクニック（第4章）	12	if_2006_11_098.pdf
	ARM926EJ-SコアCPU搭載TOPPERS対応評価ボードの使い方 **Digi International NS9360と評価ボードAZ9360MBの概要**	特集 ARMプロセッサ実践活用テクニック（第5章）	13	if_2006_11_110.pdf
	Cortexファミリとv7-A/v7-R/v7-Mの特徴 **ARMプロセッサの最新アーキテクチャv7詳解**	特集 ARMプロセッサ実践活用テクニック（第7章）	15	if_2006_11_136.pdf
2007年 1月号	ARM社製品関連の技術コンファレンス **ARM Forum 2006**		1	if_2007_01_015.pdf
12月号	ARM7コア搭載CPUのためのGCC & GDB環境 **ARM対応クロス開発環境の構築とその使い方**	特集 組み込みクロス開発環境構築テクニック（第5章）	17	if_2007_12_109.pdf
2008年 1月号	ARM社の製品に関する技術コンファレンス **ARM Forum 2007**		1	if_2008_01_017.pdf
10月号	Javaを使ったオープン・ソース・プロジェクト **Sun SPOTでセンサ・ネットワークことはじめ**		18	if_2008_10_163.pdf
11月号	ARMアーキテクチャとコア・ファミリのいろいろ **ARMアーキテクチャの基礎知識**	特集 ARMプロセッサ・ボードの設計と開発（プロローグ）	4	if_2008_11_044.pdf
	スタンダードなARM7TDMIコアと周辺機能を内蔵したマイコン **ADuC7026搭載CPUカード＆拡張ベースボードの設計**	特集 ARMプロセッサ・ボードの設計と開発（第1章）	10	if_2008_11_048.pdf
	Cortex-M3コアと外部バス・コントローラを内蔵したマイコン **STM32F103搭載CPUカードの設計**	特集 ARMプロセッサ・ボードの設計と開発（第2章）	9	if_2008_11_058.pdf
	ARM11コア搭載CPUモジュールにビデオ/オーディオ/USBなどを拡張する **i.MX31L搭載CPUモジュール対応拡張ボードの設計**	特集 ARMプロセッサ・ボードの設計と開発（第3章）	13	if_2008_11_067.pdf
	ATMEL社，Analog Devices社，NXP社，STMicro社の各ARMマイコン対応 **各社CPU内蔵フラッシュROM書き換えツールの使い方**	特集 ARMプロセッサ・ボードの設計と開発（第4章）	14	if_2008_11_080.pdf
	最新CPUアーキテクチャCortex-Mファミリの性能を引き出す **Thumb-2対応GCCクロス開発環境の構築**	特集 ARMプロセッサ・ボードの設計と開発（第5章）	11	if_2008_11_094.pdf
	仮想記憶だけじゃない．組み込みシステムのセキュリティ強化に応用できる **MMUのメモリ保護機能を使ったプログラミング**	特集 ARMプロセッサ・ボードの設計と開発（第6章）	17	if_2008_11_105.pdf
12月号	ポーティングの実際とサンプル・プログラムの紹介 **ARM Cortex-M3基板へのTOPPERS/ASPカーネルの移植**	特集 μITRONと新世代OS（第3章）	12	if_2008_12_088.pdf
	市販μITRON準拠OSの実際の移植事例 **NORTiを各種ARM系CPUへ移植する**	特集 μITRONと新世代OS（第6章）	15	if_2008_12_123.pdf

基礎知識　記事ダイジェスト　**記　事　一　覧**

掲載号	記事タイトル	シリーズ・タイトル	ページ数	PDFファイル名
2009年1月号	英国ARM社製品関連の技術コンファレンス **ARM Forum 2008**		1	if_2009_01_012.pdf
4月号	CPUの動作のしくみから仮想電卓プログラムの作成まで **プログラムはなぜ動く？**	特集 組み込みCプログラミングを基本から攻略する！（第1章）	9	if_2009_04_044.pdf
	高級言語によるプログラミングの流れを理解する **C言語プログラムを開発する手順を理解しよう**	特集 組み込みCプログラミングを基本から攻略する！（第2章）	12	if_2009_04_053.pdf
	プロジェクトの作成からコンパイル＆リンクまで **開発環境を使ってC言語プログラムをコンパイルしてみよう**	特集 組み込みCプログラミングを基本から攻略する！（第3章）	11	if_2009_04_065.pdf
	一足先に次号付属ARMマイコン基板を体験できる！ **シミュレータを使ってプログラムを走らせてみよう**	特集 組み込みCプログラミングを基本から攻略する！（第4章）	8	if_2009_04_078.pdf
	次号付属基板LPC2388をパソコン上に再現できる **ARM7シミュレータの入手とインストール**	特集 組み込みCプログラミングを基本から攻略する！（Appendix 2）	4	if_2009_04_086.pdf
	制御文やデータの型，演算子などC言語の文法 **絶対必要！C言語の基礎の基礎**	特集 組み込みCプログラミングを基本から攻略する！（第5章）	12	if_2009_04_090.pdf
	関数呼び出し時の引き数/戻り値の受け渡しや再帰呼び出しまで **関数呼び出しとスタックの関係を知ろう**	特集 組み込みCプログラミングを基本から攻略する！（第7章）	8	if_2009_04_112.pdf
5月号	付属基板本体でできること，拡張基板でできること **付属ARMマイコン基板で何ができる？**	特集 付属ARM基板で学ぶ実践マイコン活用入門（プロローグ）	2	if_2009_05_036.pdf
	CPUボードの回路構成と基板の組み立て **付属ARMマイコン基板の使い方**	特集 付属ARM基板で学ぶ実践マイコン活用入門（第1章）	12	if_2009_05_038.pdf
	付属基板搭載ARMプロセッサのハードウェア構成からプログラム・モデルまで **ARMアーキテクチャの基礎を知る**	特集 付属ARM基板で学ぶ実践マイコン活用入門（第2章）	11	if_2009_05_050.pdf
	NXP Semiconductors社製ARMマイコンのシリーズと特徴 **ARMマイコンLPCシリーズとLPC2388の概要**	特集 付属ARM基板で学ぶ実践マイコン活用入門（第3章）	8	if_2009_05_061.pdf
	LPCシリーズ内蔵フラッシュROMをWindows環境から書き換える **内蔵フラッシュROM書き換えツールFlashMagicの使い方**	特集 付属ARM基板で学ぶ実践マイコン活用入門（Appendix1）	3	if_2009_05_069.pdf
	FPGAやマイコンなどのロジック回路のデバッグに重宝する **ペン・タイプ形状ロジック・チェッカHL-49**	特集 付属ARM基板で学ぶ実践マイコン活用入門（Appendix2）	3	if_2009_05_072.pdf
	先月号で紹介したLED点滅サンプル・プログラムを実機で動かそう！ **初めてのLPC2388汎用I/Oプログラミング**	特集 付属ARM基板で学ぶ実践マイコン活用入門（第4章）	6	if_2009_05_075.pdf
	割り込み駆動で経過時間を計ったり，クロックの数を数えたり **タイマ・コントローラと割り込みコントローラの使い方**	特集 付属ARM基板で学ぶ実践マイコン活用入門（第5章）	13	if_2009_05_081.pdf
	Virtual Platform Analyzerと拡張ベースボードCQBB-ELで試す **シミュレータと実機を使ったGPIO制御事例**	特集 付属ARM基板で学ぶ実践マイコン活用入門（第6章）	13	if_2009_05_094.pdf
	各種センサの状態を入力したり，スピーカから音を出すこともできる **A-D/D-Aコンバータの使い方**	特集 付属ARM基板で学ぶ実践マイコン活用入門（第7章）	11	if_2009_05_107.pdf
6月号	SDカードやUSBメモリを読み書きしたり，ネットワークにだって接続できる！ **付属ARMマイコン基板応用システム大集合**	特集 ARMマイコン基板をとことん使いこなそう！（プロローグ）	2	if_2009_06_036.pdf
	最も簡単なシリアル通信の代表 **UARTコントローラの使い方**	特集 ARMマイコン基板をとことん使いこなそう！（第1章）	8	if_2009_06_038.pdf
	4ビット・ネイティブ転送対応の高速アクセス **MMCカード・コントローラの使い方**	特集 ARMマイコン基板をとことん使いこなそう！（第2章）	13	if_2009_06_046.pdf
	オリジナルなモバイル情報端末が実現できる！ **FATファイル・システムの構築と有機ELディスプレイの接続**	特集 ARMマイコン基板をとことん使いこなそう！（第3章）	12	if_2009_06_059.pdf
	ディップ・スイッチ＆LED制御のオリジナルUSBターゲットを作る **USBターゲット・コントローラの使い方**	特集 ARMマイコン基板をとことん使いこなそう！（第4章）	11	if_2009_06_071.pdf
	USBフラッシュROM上のWAVEファイルを再生＆録音 **USBホスト・コントローラの使い方**	特集 ARMマイコン基板をとことん使いこなそう！（第5章）	12	if_2009_06_082.pdf
	ARP/PINGの要求/応答とテスト用パケットの送受信ができる **ネットワーク・テスト用サンプル・プログラムの使い方**	特集 ARMマイコン基板をとことん使いこなそう！（Appendix）	3	if_2009_06_094.pdf
	μITRON 4.0仕様準拠μC3/Compactを使った **付属基板によるリアルタイムOSとTCP/IPスタックの動作**	特集 ARMマイコン基板をとことん使いこなそう！（第6章）	11	if_2009_06_097.pdf
	ARM7シミュレータVirtual Platform AnalyzerはESL設計ツールの一部 **ハードウェア/ソフトウェア協調設計が容易な Electronic System Level 設計について**		6	if_2009_06_108.pdf
7月号	PINGの要求＆応答やテスト・パケットを送受信できる **ARMマイコン基板を使ったネットワーク・テスト・プログラムの作成**		13	if_2009_07_101.pdf
8月号	コード・サイズ制限のないCコンパイラ，ライブラリ，デバッガを用意！ **付属ARMマイコン基板対応GCCクロス開発環境の使い方**		11	if_2009_08_119.pdf

ARMプロセッサ活用記事全集

記事一覧

掲載号	記事タイトル	シリーズ・タイトル	ページ数	PDFファイル名
10月号	Windows＋VMWare＋Ubuntsで構築する仮想Linux環境 **ARM用クロス開発環境のセットアップ手順**	特集 シミュレータと実機で学ぶ組み込みLinux入門（Appendix 1）	2	if_2009_10_057.pdf
	ビルドしたカーネルをシミュレータで動作確認，そして，実機でサクッと動かす！ **シミュレータと実機で動くLinuxカーネルの構築**	特集 シミュレータと実機で学ぶ組み込みLinux入門（第2章）	8	if_2009_10_059.pdf
	実機評価ボードがなくてもビルドしたARM用カーネルを起動できる！ **ARM9用シミュレータVirtual Platformのインストール**	特集 シミュレータと実機で学ぶ組み込みLinux入門（Appendix 2）	1	if_2009_10_067.pdf
	LEDとスイッチをLinuxから制御できる **簡単で基本的なデバイス・ドライバを書いてみよう！**	特集 シミュレータと実機で学ぶ組み込みLinux入門（第3章）	10	if_2009_10_068.pdf
	汎用I/Oに接続したLEDやディップ・スイッチ，タクト・スイッチを制御 **GPIOサンプル・プログラムの動作**	特集 シミュレータと実機で学ぶ組み込みLinux入門（Appendix 3）	2	if_2009_10_078.pdf
	Atmel社製ARM9マイコンAT91SAM9XEシリーズ対応 **ARM9評価ボードにLinuxを移植する**	特集 シミュレータと実機で学ぶ組み込みLinux入門（第4章）	13	if_2009_10_080.pdf
	USBインターフェース対応で簡単に書き換えができる **Atmel社対応AT91シリーズ対応 　内蔵フラッシュROM書き換えツールの使い方**	特集 シミュレータと実機で学ぶ組み込みLinux入門（Appendix 4）	2	if_2009_10_093.pdf
	LEDの明るさを滑らかに変化させ，蛍の光を作ろう！ **付属ARMマイコン基板を利用してPWM機能を理解する**		5	if_2009_10_140.pdf
	オプションCPUカード／ARM9（AT91SAM9EX）の設計	連載 組み込みシステム開発評価キット活用通信（第20回）	10	if_2009_10_145.pdf
11月号	小型BluetoothモジュールZEAL-C01とARMマイコン基板を使った **Bluetoothによるマイコンとパソコンの通信システムの製作**	特集 無線モジュールを使ってお手軽ワイヤレス通信（第5章）	10	if_2009_11_084.pdf
	2.4GHz帯アマチュア無線バンドを活用してマイコン間で無線通信 **ARMマイコン基板とPRoCを使ったワイヤレス通信の実験**	特集 無線モジュールを使ってお手軽ワイヤレス通信（第7章）	10	if_2009_11_106.pdf
	5月号付属ARMマイコン基板徹底活用 **CPU外部バスの活用とシリアル・ダウンローダの作成**		7	if_2009_11_154.pdf
	ARM9拡張子基板をLinuxから活用する	連載 組み込みシステム開発評価キット活用通信（第21回）	5	if_2009_11_183.pdf
12月号	2009年5月号付属ARMマイコン基板とμNet3/Compactで試せる **ARMマイコン基板でECHO，メール， 　Webメールを動作させる**	特集 EthernetとTCP/IPの入門から応用製作まで（第3章）	13	if_2009_12_076.pdf
	Microsoft社の小型組み込み機器用環境 **.NET Micro Frameworkによるネットワーク端末の製作**	特集 EthernetとTCP/IPの入門から応用製作まで（第4章）	15	if_2009_12_089.pdf
	LMI社のARM Cortex-M3搭載LM3S6965を使用した **Cortex-M3搭載マイコンによる 　フリーTCP/IPプロトコル・スタックlwIPの評価**	特集 EthernetとTCP/IPの入門から応用製作まで（第8章）	13	if_2009_12_130.pdf
2010年 1月号	SH-2/V850/ARMマイコンで制御するライン・トレース・カーで学ぶ **ソフトウェア資産の再利用と移植性の高いプログラミング方法**	特集 モータの基礎知識とプログラミング技法（第5章）	8	if_2010_01_072.pdf
	ベクトル・エンジン機能を搭載したARM Cortex-M3コア内蔵の汎用マイコンが登場！ **消費電力を下げて， 　ACサーボ・モータ制御を実現する最新技術**	特集 モータの基礎知識とプログラミング技法（第8章）	10	if_2010_01_103.pdf
	マイコンの基本動作を理解しよう **割り込みコントローラを理解すれば，割り込みはもっと楽しい**		17	if_2010_01_119.pdf
	ARMマイコン基板アプリケーション制作コンテスト結果発表		3	if_2010_01_174.pdf
2月号	タッチ・パネル・ユニットを使った組み込み機器開発手法 **付属ARM基板でできる！ 　タッチ・パネル機器の開発（ハードウェア編）**		8	if_2010_02_121.pdf
3月号	HIDデバイス・クラス対応で3軸加速度＆照度センサを搭載 **ARMマイコン基板を使ったUSB接続センサ・デバイスの製作**	特集 Windowsですぐに使えるUSB機器設計入門（第3章）	12	if_2010_03_076.pdf
	ARMマイコン基板のCPU内蔵フラッシュROMおよびSRAMへのプログラム・ダウンロダ **マスストレージ・クラスを応用した 　セカンダリ・ブート・ローダの移植**	特集 Windowsですぐに使えるUSB機器設計入門（第4章）	9	if_2010_03_088.pdf
	Atmel社製ARM7マイコンを使ってUSB-シリアル変換器を実現 **コミュニケーション・クラスを使った 　仮想シリアル・コンバータの作成**	特集 Windowsですぐに使えるUSB機器設計入門（第6章）	14	if_2010_03_107.pdf
	タッチ・パネル・ユニットを使った組み込み機器開発手法 **付属ARM基板でできる！ 　タッチ・パネル機器の開発（ソフトウェア編）**		9	if_2010_03_137.pdf
4月号	ARM Cortex-A8を使ってみよう **i.MX51搭載ボードM2IDにAndroidを移植する**	特集 Android×Linux＝次世代組み込み開発（第5章）	7	if_2010_04_088.pdf

記 事 一 覧

掲載号	記事タイトル	シリーズ・タイトル	ページ数	PDFファイル名
4月号	LPC2388にLCDパネルを接続し，キーボード入力に合わせた楽しい画面表示 キー・タイプ・カウンタ"コイセ君"の製作	ARMマイコン・アプリケーション・コンテスト入賞作品	9	if_2010_04_116.pdf
5月号	メモリが少なくても，動作スピードが遅くても，OSがあると便利 リアルタイムOSを使って組み込みシステムを楽々開発！	特集 リアルタイムOSを使おう！ビルドで学ぶソフト開発（プロローグ）	4	if_2010_05_044.pdf
	開発効率を上げるためのさまざまなしくみを提供できる 組み込みシステムでリアルタイムOSを採用する理由	特集 リアルタイムOSを使おう！ビルドで学ぶソフト開発（第1章）	6	if_2010_05_048.pdf
	VMware Playerを使用してソフトウェア開発環境を手軽に構築 付属DVD-ROMの使い方	特集 リアルタイムOSを使おう！ビルドで学ぶソフト開発(Appendix 1)	2	if_2010_05_054.pdf
	GCCとEclipse，フラッシュROMライタ，GDBサーバをLinuxにインストール フリー開発環境のインストールと設定	特集 リアルタイムOSを使おう！ビルドで学ぶソフト開発（第2章）	8	if_2010_05_056.pdf
	実行コードを生成するにはコンパイラ，アセンブラ，リンカの知識が必要！ ARMマイコン上で実行可能なコードを生成する方法	特集 リアルタイムOSを使おう！ビルドで学ぶソフト開発（第3章）	8	if_2010_05_064.pdf
	シミュレーション機能，TUIデバッグ機能，JTAG ICEを使う デバッガGDBの組み込み特有のテクニック	特集 リアルタイムOSを使おう！ビルドで学ぶソフト開発（第4章）	7	if_2010_05_072.pdf
	LED点滅，UART機能，ベクタのリマップ，割り込み機能，タイマ，PLL，ROM化 RTOS移植のためのARMマイコン 「LPC2388」の単体機能をチェックする	特集 リアルタイムOSを使おう！ビルドで学ぶソフト開発（第5章）	7	if_2010_05_079.pdf
	OS移植の注意すべき点，読んでおくべき文書・方針 TOPPERS/JSPの移植に必要な情報	特集 リアルタイムOSを使おう！ビルドで学ぶソフト開発(Appendix 2)	2	if_2010_05_096.pdf
	μITRON 4.0準拠のOS，TOPPERS/JSPを使えるようにする TOPPERS/JSPをARMに移植する作業の実際	特集 リアルタイムOSを使おう！ビルドで学ぶソフト開発（第6章）	15	if_2010_05_098.pdf
	TOPPERS/JSPアプリケーション開発の例 LED点滅でμITRONアプリケーション作成を実践する	特集 リアルタイムOSを使おう！ビルドで学ぶソフト開発（第7章）	5	if_2010_05_113.pdf
	強力なソフトウェアを使ってGUIでデバッグ EclipseによるTOPPERS/JSPのアプリケーション開発	特集 リアルタイムOSを使おう！ビルドで学ぶソフト開発(Appendix 3)	3	if_2010_05_119.pdf
	TCP/IP通信やファイル・アクセスを行うTOPPERSアプリケーションを作ろう TOPPERSを使った メモリ・カード画像ビューア＆温度ロガーの製作	特集 リアルタイムOSを使おう！ビルドで学ぶソフト開発（第8章）	10	if_2010_05_122.pdf
	ソフトウェア開発の手間を減らす ARM Cortex-Mシリーズの ソフトウェア・インターフェース規格 CMSIS		6	if_2010_05_134.pdf
6月号	モジュールを組み合わせて，ARMマイコンの機能を使いこなす MP3プレーヤ/フォトフレームの製作	ARMマイコン・アプリケーション・コンテスト 優勝作品	10	if_2010_06_160.pdf
	Cortex-M1コア搭載の評価ボードに挑戦	連載 ARMコア搭載ミックスト・シグナル構成も可能なFPGA活用のすすめ（第1回）	6	if_2010_06_184.pdf
7月号	テスト・ボードを動かす	連載 ARMコア搭載ミックスト・シグナル構成も可能なFPGA活用のすすめ（第2回）	9	if_2010_07_160.pdf
	AT91SAM9XEシリーズへのTOPPERS/JSPの移植	連載 組み込みシステム開発評価キット活用通信（第24回）	7	if_2010_07_169.pdf
8月号	マルチJTAGアダプタの製作とARMマイコンのデバッグ	連載 マルチJTAGアダプタでCPUデバッグからFPGAコンフィグレーションまで自由自在（第1回）	7	if_2010_08_137.pdf
	Actel社のFusionでA-Dコンバータを使う	連載 ARMコア搭載ミックスト・シグナル構成も可能なFPGA活用のすすめ（第3回）	11	if_2010_08_145.pdf
9月号	Cortex-M1にFreeRTOSを実装する	連載 ARMコア搭載ミックスト・シグナル構成も可能なFPGA活用のすすめ（第4回）	6	if_2010_09_195.pdf
10月号	RISC旋風が巻き起こった1990年代を中心に マイクロプロセッサ変遷史/1990年代～2000年代	特集 進化するコンピュータ・アーキテクチャの30年（第2章）	20	if_2010_10_044.pdf
11月号	Cortex-M3プロセッサ搭載FPGA "SmartFusion"	連載 ARMコア搭載ミックスト・シグナル構成も可能なFPGA活用のすすめ（第5回）	6	if_2010_11_167.pdf

ARM プロセッサ活用記事全集

第1章 ARMプロセッサの過去，現在，未来

Armadillo開発者が魅せられた世界
實吉 智裕

今や，組み込みシステムで用いられるプロセッサの多くでARMコアが採用されています．しかしARMコアの汎用プロセッサが数多く発売され，広く使われ始めたのは，比較的最近の2000年代後半のことです．それ以前は，特定用途で使われるLSI（ASIC/ASSP）では広く使われていましたが，多くの組み込み技術者にとってはなじみの薄いものでした．

組み込み技術者にとって，アーキテクチャの異なるプロセッサへの移行は，簡単にできることではありません．にもかかわらず，ARMプロセッサはなぜここまで急速に普及できたのでしょうか．

ARMに魅せられ，ARMコアのプロセッサを搭載し，Linuxが動作する汎用の組み込みプラットホーム「Armadillo」（写真1）を開発した技術者に，ARMプロセッサの良さを語っていただきました．（編集部）

ARMプロセッサの今

2016年時点の組み込み業界で，最もメジャーなCPUアーキテクチャは「ARM」といっても過言ではありません．100円以下の1チップ・マイコンから最新スマートフォンに搭載される8コアのSoC（System on a Chip），さらには64ビット化されたサーバ用途のエンタープライズな市場までも視野に入ってきています．

● アプリケーションに応じたアーキテクチャがある

安い価格が要求されている市場にも，また高い性能が要求されている市場にもと，ARMがここまで幅広い技術領域をカバーできているのは，それぞれの市場に対して特化したアーキテクチャを用意できているからです．

現在のARMには，
- 安価でマイクロコントローラ向けに特化したCortex-M
- リアルタイム制御に特化したCortex-R
- アプリケーション処理に特化したCortex-A

の大きく三つのシリーズに分けたアーキテクチャが用意されています．アーキテクチャのバージョンもARMv1から始まり，最新はARMv8です．

● アーキテクチャごとに多くのCPUコアがある

ARMにはARMxxと記載されているものがたくさんあるのですが，それが「アーキテクチャのバージョン」なのか「CPUコアの種類」なのかを理解しておく必要があります．

表1にアーキテクチャのバージョンと代表的なCPUコアの名称を示します．

ARMvXと書かれているのはアーキテクチャのバージョンです．命令セットの世代と考えて問題ありません．命令セットなので同じバージョンであれば互換性

（a）Armadillo-810

（b）Armadillo-840

写真1 ARMコアのプロセッサを搭載しLinuxが動作する汎用の組み込みプラットホーム「Armadillo」（現行品）

表1 アーキテクチャのバージョンと代表的なCPUコアの名称

時期	アーキテクチャ		代表的なCPUコア	備考
黎明期	ARMv1 〜 ARMv2		ARM1	Acorn社時代の製品
			ARM2	
			ARM3	
	ARMv3		ARM6	Newton MessagePad（Apple Computer社）
			ARM7	
進化期	ARMv4		ARM7TDMI	
			ARM710T	Psion Series 5（Psion社） CL-PS7xxx（Cirrus Logic社）
			ARM720T	初代Armadillo（アットマークテクノ） EP7xxx（Cirrus Logic社）
			ARM9TDMI	
			ARM922T	Excalibur（Altera社）
			StrongARM	DECがアーキテクチャ・ライセンスを受けて開発． Newton MessagePad（Apple Computer社），Pocket PC（各社）
	ARMv5		ARM926EJ-S	
			XScale	Intel社がアーキテクチャ・ライセンスを受けて開発
拡大期	ARMv6	ARMv6-A	ARM1176JZF-S	Raspberry Pi（Raspberry Pi Foundation）， BCM2835（Broadcom社）
		ARMv6-M	Cortex-M0/0+	
			Cortex-M1	FPGA向けに提供
	ARMv7	ARMv7-A	Cortex-A5	
			Cortex-A7	Raspberry Pi 2（Raspberry Pi Foundation）， BCM2836（Broadcom社）
			Cortex-A8	
			Cortex-A9	Armadillo-810/840（アットマークテクノ）， Zynq（Xilinx社），Cyclone V SoC（Altera社）
			Cortex-A15	
			Cortex-A17	
		ARMv7-R	Cortex-R4	
			Cortex-R5	
			Cortex-R7	
		ARMv7-M	Cortex-M3	
			Cortex-M4	
			Cortex-M7	
今後	ARMv8	ARMv8-A	Cortex-A35	64ビット化（AArch64）
			Cortex-A53	
			Cortex-A57	
			Cortex-A72	
		ARMv8-R	−	製品未発表（2016年1月時点）
		ARMv8-M	−	製品未発表（2016年1月時点）

2000年当時の組み込みCPUとOS

2000年ごろの組み込みプロセッサというと，日立製作所（現在はルネサス エレクトロニクス）のSuperHというRISCプロセッサが，国内の組み込み業界でかなりのシェアを持っていました．OSにはリアルタイムOSであるμITRONを採用とした開発がはやってきていました．多くのミドルウェア・ベンダもあり，振り返れば組み込み業界が最も活性化していた時期だったような気がします．

国内では，SuperH + μITRONという組み合わせが主流であり，Armadilloで実現したARM + Linuxというのはマイナ CPU + マイナ OSの組み合わせでした．今では普通の組み合わせですが，当時は称賛されるどころか，全否定されることもしばしばありました．

確かに，ARMの汎用SoCというものが手に入らず，当然サポートも得られない，供給性も不透明という時代です．Linuxも「そんなにリソースを食う上に，リアルタイム性もないなんて…」という時代でしたから，全否定されるのも無理ありません．

ARM プロセッサ活用記事全集

があります．基本的には後方互換性もあります．
　ARMv6以降は，数字の他にCortex - A/R/Mのそれぞれのシリーズに対しても区分けされています．
　一つのアーキテクチャ・バージョンには，ARMxxやCortex - xxという複数のCPUコアが存在しています．同じ命令セットでも，パイプラインの長さや構造，演算器の種類や数，キャッシュの有無や容量など，異なった特徴のコアが用意されているということです．市場に合ったものを選ぶことができます．

● ARM社はプロセッサ技術にだけ注力している
　さて「ARM社はIntel社を超える半導体メーカになったのか？」と聞かれると，数量規模的にはYesともいえますが，技術領域的にはNoともいえます．
　Intel社は自社のファブ（半導体製造工場）を持ちます．最先端の半導体製造技術を開発すると同時に，x86プロセッサのアーキテクチャを進化させています．つまり，「プロセッサを開発・製造するメーカ」です．
　ARM社はファブを持ちません（ファブレス）．さらに，自社の半導体デバイスも発売していません．プロ

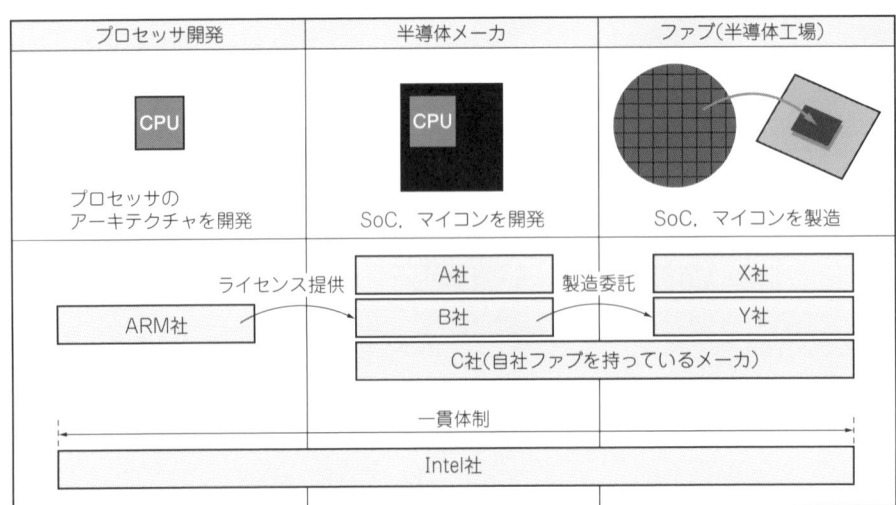

図1 ARM社はプロセッサ技術を提供しているメーカ

Linuxを動作させるために必要なリソース

　Armadilloシリーズの中で，最も小さいLinuxのシステムは，初期のArmadillo - Jです（**写真A**）．Digi International社のConnectMEにLinux移植したものをベースにボード化しました．CPUはARM7TDMIで55 MHzで動作します．キャッシュ・メモリはなく，SDRAMへバースト・アクセスする際のデータ長64バイト分のライン・キャッシュがあったのみです．メモリは，8 MバイトのSDRAMと2Mバイトのフラッシュ・メモリしかありません．MMUがなかったのでμCLinuxを移植しました．いずれにしても，今となっては驚くくらい少ないメモリ容量です．
　これを考えれば昨今のCortex - M3を搭載したマイコンであっても，外部メモリさえ搭載すれば当時のArmadillo - JよりもリッチにLinuxを動かせるかもしれません．
　しかしながら頑張ってCortex - M3でシステムを組むくらいでしたら，小規模なCortex - Aの方がコスト的にもリーズナブルですし，ARMのエコシステムも活用することができます．Cortex - M3向けにLinuxのエコシステムを誰も作らないので，自ら頑張るしかありません．

ロマンはありますが…．
　かつては一つのフロッピーディスク（1.44 Mバイト）でLinuxを動かすというマニアックなネタもあったくらいですので，2Mバイトもあれば十分（？）過ぎるくらいでしょう．

写真A 小型Linuxシステム「Armadillo-J」

セッサ・アーキテクチャの開発に特化し，世界中の半導体メーカに「プロセッサ技術を提供するメーカ」です．

図1にIntel社とARM社のモデルの違いを示します．例えば，スマートフォン向けのSoCメーカとしてメジャーなQualcomm社，国内の代表的な半導体メーカのルネサス エレクトロニクスなどに対して，ARM社はプロセッサ技術のライセンスを販売しています．ライセンスを受けた半導体メーカは，ARM社から提供を受けたCPUコアを含むLSIを設計・製造します．製造は，半導体メーカが持つファブを使うこともありますし，半導体の製造を専門に行う企業（ファウンドリ）に委託することもあります．

ARM社がファブレスでプロセッサ技術のみを提供するといっても，ファブの特性を踏まえた上で開発をしなくては，より省電力で高速なプロセッサを実現することはできません．そのため世界最大のファウンドリのTSMC(Taiwan Semiconductor Manufacturing Co., Ltd.) やUMC(United Microelectronics Corporation)などと協業をし，それらの持っているファブに対して最適化されたCPUコアのIP(Intellectual Property)を提供するようなこともしています．

● ARMの進化の歴史をひもとく

以降では，ARMというアーキテクチャがどのように広まり普及してきたのか，筆者の歴史に重ねて，ARMの進化の歴史をひもといていきます（図2）．

筆者は1996年にARMというアーキテクチャに出会

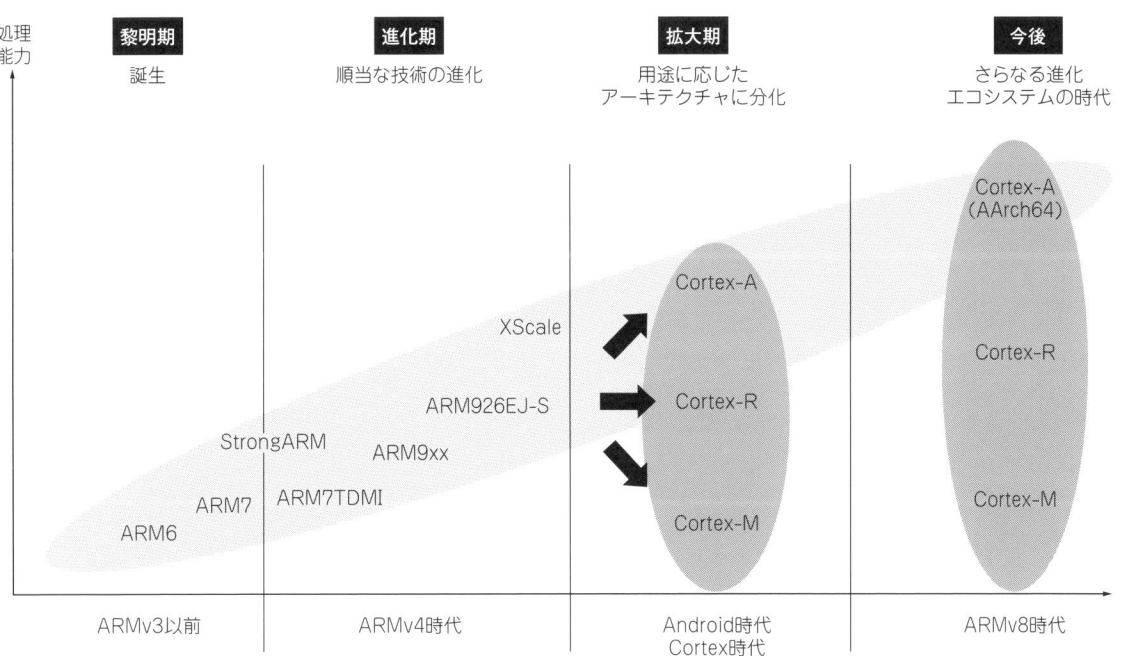

図2　ARMの進化の歴史
筆者の主観により四つの時代に分けて整理した．

偶数ははやらない…都市伝説

ARM7，ARM9，ARM11，Cortex‐A7，Cortex‐A9というのは，よく耳にするロングセラーのコアです．しかし数あるARMコアの中には，短命もしくは不発に終わったものもあります．例えば，ARM6，ARM8，ARM10，Cortex‐A8，Cortex‐A12です．

Cortex‐Aの最初の製品となったCortex‐A8は，長いパイプラインで高クロック化の思想で作られていました．時代背景的にはスマートフォンが普及し始めるころで，高性能化と省電力化の両方の要求が極端に進んでいました．高性能化のために高クロック化する思想の

Cortex‐A8は，高クロック時の消費電流が増加してしまいます．マルチプロセッサ化できない事情もあり，早々にCortex‐A9世代へつなぐ必要があったのでしょう．

Cortex‐A9はパイプラインを浅くし，並列化を進め，分岐予測の回路も含めた上で，マルチプロセッサもサポートしました．Cortex‐A9は歴代のARMプロセッサの中でもARM7TDMI，ARM926EJ‐Sにつぐロングセラーのアーキテクチャだと思います（あまりロングセラーができるとARMの新しいライセンスが売れなくなるので，ARM社としてはうれしくない…かも）．

ARMプロセッサ活用記事全集

い，組み込み業界とARMの進化を横目にしながら，多くのARMに触れてきました．もちろん筆者の見てきたものが全てではなく，筆者の経験と主観が多分に入っていますので，多少の偏りはご了承ください．

黎明期

● ARM誕生！

ARMという名は，Acorn Computer社のRISCプロセッサAcorn RISC Machineの頭文字が語源になっています．もちろん，RISCとはいわずと知れたReduced Instruction Set Computerのことです．

そもそもAcorn社は，コンピュータそのものを作っていた会社でした．そのAcorn社が開発したRISCプロセッサがAdvanced RISC Machine（ARM）でした（もともとはAcorn RISC Machineという名称だった）．

プロセッサの開発は後にApple Computer社との共同事業となり，VLSI Technology社の出資も受けて独立しました．これがAdvanced RISC Machines社（ARM社）です．上場時に正式にARM社（ARM Limited）になっています．

● 組み込み向けCPUコアとして確立

ARM社が誕生してから初期の時代を筆者は知りません．しかし振り返ってみれば，今のような組み込み向けCPUコアのIPとして確立されたのはARMv3アーキテクチャのARM6だったと言えそうです．

Apple Computer社が1992年に発売したPDA「Newton MessagePad」に，ARM6が採用されていました．

進化期

● StrongARMに衝撃を受ける…ARMとの出会い

筆者が技術者になって間もなく（1996年），ISDN（当時では高速だった128 kbpsのサービス総合ディジタル網）の通信機器を開発することになりました．ここでは，Motorola社（Freescale Semiconductor社を経て現在はNXP Semiconductors社）のMC68000系のCPUをベースに開発していました．

当時の組み込み機器向けCPUはせいぜい数十MHzのクロック周波数で動作していました．パソコンに搭載されていたCPUが200 MHz〜300 MHz程度でしたので，組み込み機器のCPUが数十MHzであることに，疑問を持つこともありませんでした．

こんなときに現れたのがDEC（Digital Equipment Corp.）のStrongARMです．当時のコンピュータ技術者を志す者でしたら，必ず教科書に出ているDECをもちろん知っていました．

DECは当時で最速といわれた500 MHzで動作するAlphaプロセッサを持っていました．そして，このAlphaプロセッサとは違うStrongARMというものが

必ずしも最新のプロセスは使われない？

最新の半導体製造プロセスを使うことで，省面積，省電力，高速性を得られる利点があります．しかし必ずしも最新の半導体製造プロセスが使われるとは限りません．

例えば電気特性的な理由です．アナログ回路やフラッシュ・メモリを混載するようなマイコンなどでは，微細化されたプロセスが適用できないことがあります．

また，半導体製造に必要なマスクのコストもあります．最新の半導体製造プロセスでは1回のマスク作成に数億円以上ものコストがかかります．このマスクのコストを回収するためには，膨大な数のチップを販売するか，チップの単価を上げる必要があります．チップの単価を上げにくいマイコンのようなものは，膨大な数を売るしかなく，確実に売れるものしか作ることができなくなってしまいます．

半導体プロセスが微細化しても，必ずしも省面積を実現できるわけではありません．ボンディング・パッドはなかなか小さくならないからです（図A）．マイコンのI/O数（ピン数）を減らせないのであれば，無理に微細化されたプロセスを使うよりも，初期費用を抑えられるプロセスを使った方が有効になります．

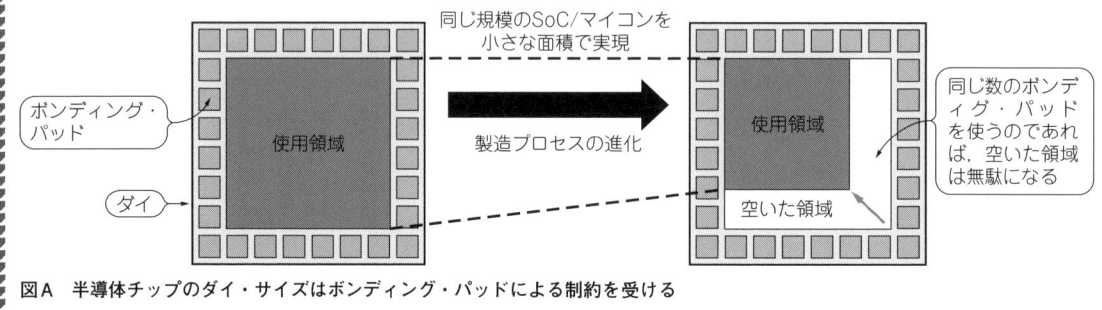

図A　半導体チップのダイ・サイズはボンディング・パッドによる制約を受ける

あることを知りました．組み込み向けにもかかわらず200 MHzという高速性と省電力を実現し，かなりのインパクトがありました．

StrongARMは，Apple社のPDA「Newtonシリーズ」の他，多くのPDA（Pocket PCと呼ばれたWindows CEのマシン）に搭載されています．

● SoCで広く採用されたARM7TDMI

さて，筆者が通信機器を開発する中で，ISDN向けに特化したSoCの売り込み受けたことがあります．そのSoCのCPUコアにARM7TDMIが採用されていることに目を留めました．

そのSoCを提供していた半導体メーカに限らず，他のASICメーカのIPカタログにもARM7TDMIコアが記載されていることを知り，そこで初めてARMというのはCPUコアのライセンス・ビジネスをしている会社だということに気付きました．

ここで出てくるARM7TDMIのアーキテクチャ・バージョンはARMv4です．ARMv4に準拠したCPUコアはStrongARMやARM920Tなど，長期にわたって市場で使われたものが数多くあります．ARMv5，ARMv6と進化していっても，ソフトウェアの互換性を考えてARMv4向けに作られることが多く，Cortex世代のSoCが普及してようやくARMv4の呪縛（?）から離れられたような気がします．

● ARMとLinuxの組み合わせに可能性を見いだす

筆者は，情報家電にかかわる製品や技術を作りたい思いから，1999年に起業しました．最初はDSP（Digital Signal Processor）向けのミドルウェアを開発していたのですが，ビジネスとしてはうまくいきませんでした．受託開発を幾つかこなしていく中で，ARMを使った開発の機会にも恵まれ，情報家電への道筋を模索していました．

さて，情報家電というものを実現するには，ネットワークに対応したハードウェアと，それを活用するソフトウェアを用意する必要があると考えていました．

当時，日本国内の半導体メーカはDRAMを中心とした事業からSoC（当時はシステムLSIと呼ばれることが多かった）への事業転換を図ろうとしていた時代です．この流れは，CPUコアのライセンス販売をビジネス・モデル化していたARMの普及を予感させました．このような状況の中，筆者のARMへの興味は深まっていくのですが，自社でオリジナルのSoCを作るような力はありませんでした．また，当時はARMコアを搭載した汎用SoCは流通していませんでした．

さらに独立して間もない筆者の会社には，ソフトウェア資産が皆無でした．情報家電にはネットワークに対応したOSが不可欠と考えていたのですが，自社で開発するには力が足りず，買ってくるにもお金が足りず，という状況でした．

組み込み向けGPUは戦国時代

ARMの最先端のSoCが搭載されるのは，スマートフォンやタブレットが多いようです．これらの装置はGUIが重要視され，高度な画像処理をするべくGPUが搭載されています．

携帯型端末ではARMが圧倒的なシェアを持つ中で，Intel社のAtomが徐々に広がりを見せてきているのですが，それ以上にし烈な争いをしているのがGPUです（表A）．

- スマートフォン向けSoCでNo.1のシェアを持つQualcomm社のSnapdragonで使われているAdreno
- 古くから組み込み向けGPUを供給してきたImagination Technologies社のPowerVR
- NXP Semiconductors社（旧Freescale Semiconductor社）のi.MXシリーズやMarvell社のARMADAシリーズなどで採用実績があるVivante社のVega Core
- Raspberry Piに搭載されているBroadcom社のSoCに内蔵されている同社のVideoCore
- パソコン向けGPUでは多くのシェアを持つNvidia社のGPUを搭載したSoC（Tegraシリーズ）
- 強力なエコシステムを持つARM社のGPUであるMali

Intel社も自社でGPUを持ってはいますが，AtomをベースとしたSoCの一部（Atom x3）にはARM社からライセンスを受けたMaliを搭載しています．

各社各様のGPUが搭載されているのですが，OpenGL ES等のライブラリ（フレームワーク）を提供することによって，アプリケーション・ソフトウェアの互換性が保たれています．また，組み込みの世界でもGPUを表示だけではなく，今後GPGPUとしての活用も重要視されてきています．SoC選びの際にGPUに対応したOpenCL等のライブラリが提供されるかどうかも重要になってくるかもしれません．

表A し烈な争いをしているGPU

ベンダ名	GPU名	提供方法
Qualcomm社	Adreno	自社向け
Broadcom社	VideoCore	
Nvidia社	–	
Imagination Technologies社	PowerVR	IP提供
Vivante社	Vega Cores	
ARM社	Mali	

写真2　Altera社のExcalibur
200 MHzのARM922Tコア(キャッシュとMMUを搭載している)の他，メモリ・コントローラなどの主要機能をハード・マクロで搭載するFPGA(写真：編集部)．

写真4　Altera社のCyclone V SoC
最大925MHzで動作するデュアルCortex-A9 MPCoreの他，メモリ・コントローラやUSB，Ethernetなどの機能をハード・マクロで搭載するFPGA(写真：編集部)．

写真3　Xilinx社のZynq
最大1GHzで動作するデュアルCortex-A9 MPcoreの他，メモリ・コントローラやUSB，Ethernetなどの機能をハード・マクロで搭載するFPGA(写真：編集部)．

そこで，当時パソコン向けではやり始めていたLinuxというOSを組み込み機器にも使うことができれば，いきなり潤沢なソフトウェア資産を持つことができるという妄想を描いていました．

● ARMコア搭載のFPGAに妄想を抱く

話が動き始めたのは2000年のことです．大手FPGAベンダのAltera社(現在はIntel社の一部門)がARMコアを搭載したFPGA「Excalibur」を発表したのです(**写真2**)．

Excaliburは，200 MHzのARM922Tコア(キャッシュとMMUを搭載している)の他，メモリ・コントローラなどの主要機能もハード・マクロ化されていたことが特徴です．さらにはFPGAで自由に回路を拡張することができました．

市場ではARM9コア搭載の汎用SoCを入手できない時代に「オリジナルのSoC」を実現でき，しかもLinuxを動かすには十分な性能を持っているという夢のようなデバイスでした．筆者がExcaliburに対して多くの妄想を抱いたのはいうまでもありません．

その後のExcaliburというデバイスがどうなったかというと，残念ながら成功したとはいえず，長期に供給されることはありませんでした．その理由は，FPGAアーキテクチャとしては最新ではなかったこと，その割にはコストが高かったこと，ソフトウェアまで含めた開発環境が十分ではなかったことなどといわれています．筆者がExcaliburを採用できなかったのもコストの問題でした．

ちなみに2011年になって，再びARMコアを搭載したFPGAが登場しました．Xilinx社のZynq(**写真3**)やAltera社のCyclone SoC/Arria SoC(**写真4**)で，いずれもCortex-A9を搭載しています．ARM + FPGAにニーズがあったことは間違いありません．

● ARMとLinuxの組み込みプラットホーム「Armadillo」誕生！

Excaliburの採用をあきらめた後，ARMを搭載した汎用SoCを調達すべくさまよっていたのですが，ここで巡り合ったのがCirrus Logic社のCL-PS7xxxシリーズでした．ARM710Tコアを搭載したSoCで，Psion社のPDAに採用されていました(**写真5**)．

フタを開くとキーボードが飛び出てくるというギミックが特徴的なこのPDAには，後に携帯電話のソフトウェア・プラットホームとなったSymbian OSの原形であるEPOC32が搭載されていました．そして世界には，2001年の時点でPsion社のPDAにLinuxを移植していたつわものがいました．筆者もその情報に倣ってPsion社のPDAを調達し，ARMでLinuxを動かせることを確認しました．当時ですらLinuxディストリビューションDebianを動かすことができ，emacsエディタを立ち上げられ，十分に機能することを確認しました．

Cirrus Logic社の後継SoCであるEP7xxxシリーズ

写真5 ARM710TコアのSoCを搭載するPsion社のPsion Series 5

写真6 ARMとLinuxの組み込みプラットホーム「Armadillo」(初代)

にはARM720Tが搭載され，動作クロック周波数が2倍になりました．海外製の携帯型MP3プレーヤに採用されるなど，省電力性にも優れていました．

このような経験を元に，筆者は，2001年11月に初代のArmadilloを開発しました(**写真6**，**表2**)．Cirrus Logic社のEP7312(これにLANコントローラも含めて1パッケージ化されたCS89712)をSoCとして採用し，Linuxも移植しました．

表2 「Armadillo」(初代)の仕様

SoC	Cirrus Logic社 CS89712
CPUコア	ARM720T(74 MHz)
RAM	SDRAM 32Mバイト
ROM	フラッシュ・メモリ4Mバイト
インターフェース	10BASE-T，GPIO，シリアル，A-Dコンバータ，CompactFlash(TrueIDE)，PC/104拡張
OS	Linux 2.4

拡大期

● スマートフォンの躍進で急速に広まる

組み込み業界の時は，さまざまなプロセッサ・アーキテクチャが乱立した状態で過ぎていきました．CISC vs. RISCプロセッサ抗争(?)の後も，ARMは今ほどメジャーとはいえず，SuperH，MIPS，PowerPCなども広く使われ，シェア争いでしのぎを削っていました．

それぞれのプロセッサには得意の市場がありました．ARMはもちろん携帯電話をはじめとした省電力機器に強く，早くから64ビットへの対応をしていたPowerPCは通信分野，MIPSはマルチメディア分野，SuperHは産業機器分野や国内全般に強い傾向にありました．

そんな中でARMへの流れを決定的にしたのは2007年11月のGoogle社のAndroidの発表だったと筆者は考えています．当時，多くの携帯電話はLinuxまたはSymbianをベースとしたソフトウェア・プラットホームで動いていました．2007年1月のApple社のiPhoneの発表以降，普通の携帯電話(今でいうフューチャーフォン)からスマートフォンへの大きな流れがある中で，Google社からAndroidの発表がされたのです．

「Googleから携帯電話が発表される」という噂はあったのですが，実際に発表されたのは携帯電話ではなく携帯電話向けのソフトウェア・プラットホームでした．そのターゲットには200 MHzのARM9クラス以上が想定されていました．AndroidプラットホームはカーネルにLinuxが採用されて，アプリケーションを動かすVM(仮想マシン)のDalvikを含めた多くの部分がオープン・ソース・ソフトウェアとして無償で公開されることに，世の多くの技術者が驚きました．

ここからARMとLinuxのデファクト・スタンダード化が急速に進んでいったと感じています．ARMを搭載した多くの汎用SoCが提供されはじめ，そこでAndroidを動かすためのポーティングが進んでいきました．

● Cortexシリーズで幅広い用途に対応

2004年に発表されたCortexシリーズ(A/R/M)が市場に広がってきたのもこの頃です．ARMv5までは単に右肩上がりで性能を上げてきたのですが，組み込み機器の世界では必ずしも高性能化だけが必要とされているわけではありません．より省電力や低コストの方向にも進化させる必要があります．

超低コストのクラスからスマートフォンのクラスまで一つのアーキテクチャでカバーするのは現実的ではありません．Cortexは，アプリケーション・プロセッサのAシリーズ，リアルタイム向けのRシリーズ，マイクロコントローラのMシリーズに分かれました．これは妥当な進化といえます(**表3**)．

表3 Cortexは幅広い用途に対応できる

	ARMv6	ARMv7	ARMv8
アプリケーション・プロセッサ向け Cortex-A 汎用（リッチ）OS	ARM1176JZF-S	A5, A7, A8, A9, A12, A15, A17	A35, A53, A57, A72, 64ビット化
リアルタイム・コントローラ向け Cortex-R		R4, R5, R7	ハードウェア・ハイパバイザ
マイクロコントローラ向け Cortex-M	M0, M0+, M1	M3, M4, M7 FPU, DSP命令に対応	TrustZoneに対応 スタック制限機能

● エコシステムの確立

ARMの進化というのは，必ずしもCPUアーキテクチャだけではありません．

ARM社は2010年に「Linaro」というARMをターゲットとしたオープン・ソース・ソフトウェアの開発団体を立ち上げました．ARM向けソフトウェア開発を加速し，強大なIntel社の開発力に対抗しようとしています．メンバはARM社とARMを採用しているSoCベンダはもちろんですが，Linaro内のEnterprise Groupには商用LinuxのRed Hat社やSNSのFacebook社なども参加しています．クラウド・サーバなどのエンタープライズ分野においても今後のARMへの期待感の高さが分かります．

さてLinaroの活動の中にはARMの64ビット（AArch64）への対応，TrustZone（セキュアなプログラム空間を実現する機能）への対応，GPU（Mali）への対応など，ARM特有のハードウェアに対する開発があります．しかし，CPUコアのみならず，CPUコアの機能を発揮するためのソフトウェアも積極的に開発しています．その成果の多くはオープン・ソースで提供されており，最終的にはARMコアを搭載したSoCが流通することで，次のLinaroの開発資金として還元されるという循環が出来上がっています．

今後

● 独自開発からIPコア・ベースの開発へ

ARM7TDMIの時代には，ARM社から購入するIPはCPUコアのみの「なしなし」構成でした．ARM7TDMIというCPUコアはキャッシュ・メモリも搭載されていないし，MMU（Memory Management Unit）もありません．当時は組み込み機器向けにMMUを必要とするようなリッチOSもなかったのですが，性能向上のためにはキャッシュ・メモリが必要です．

ARM7TDMIにキャッシュ・メモリとMMUを搭載した，ARM720Tというコアもありました．しかしARM720Tを調達した半導体メーカは少なく，ARM7TDMIに自前で設計したキャッシュ・メモリを搭載したり，キャッシュレスでSRAMを多く載せたりしていたところも多かったようです．命令キャッシュを載せたもの，命令／データのユニファイド・キャッシュを載せたものなど，各社の腕の見せ所だったのではないでしょうか．

しかし半導体の製造技術が進化し，集積できる規模が大きくなると，SoCに搭載される全ての回路を自前主義で設計するのではなく，他社のIPを購入して搭載するようになってきました．またARM社から提供されるCPUコアも，CPUの回路と密な関係にあるキャッシュ・メモリやMMUなども含めた形で提供されるようになりました．

● ARMのエコシステムにのっとった構成になる

現在では，ARMのエコシステムに密接な機能はARM社の純正IPを購入するようになってきています（図3）．例えば割り込みコントローラやTrustZoneに関連するIP，内部接続バス，GPUなどです．これらのものはARMのエコシステムの中で，ハードウェア構造に沿ったソフトウェアが開発されています．

純正IPを使わない独自構造にすると，それに対応したソフトウェアを自前で用意することになってしまいます．仮にARM社からフルライセンスを得て，独自のCPUコアを作ろうとすれば，独自のエコシステムを用意することになります．相応の開発力を持っている企業でなければフルライセンスを生かしきるのは難しいかもしれません．もう少し具体的に書くと，フルライセンスを得て，特徴的なプロセッサ構造を実現したとしても，それを生かすコンパイラも用意しなければ，その特徴的な構造を生かすこともできません．さらに世の中のコンパイラが機能アップされたら，それに追従していかないといけません．

● CPUコアより開発環境が重要になる

現在のARMの強さは，CPUコアの性能が高いとか省電力であるとか技術的に優れている部分もありますが，それよりもソフトウェア開発環境も含めたエコシステムを確立していることです．世界中に広がったユーザからさまざまなフィードバックを得られるだけの

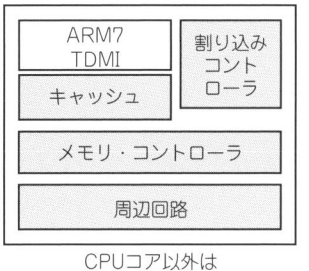
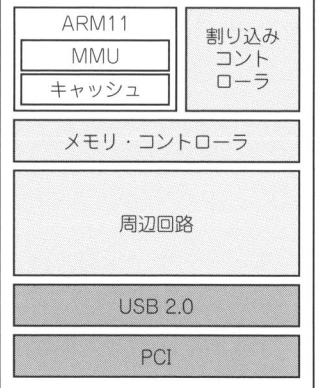
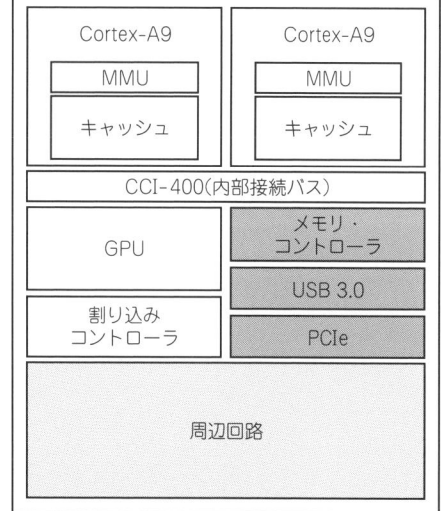

図3 ARM純正化

シェアを持ったことが，その強さを盤石なものにしています．仮にARMより優れたアーキテクチャのCPUコアが登場したとしても，エコシステムを実現することの方が難しいといっても過言ではありません．

● 64ビットへの移行は容易

ここ最近で，ARMのエコシステムの強さを証明したのが，ARMv8での64ビット化です．

64ビット化されたAArch64の命令セットは今までのAArch32（ARMv7までの命令セットとほとんど同じ）の命令セットと異なります．AArch64は使っているレジスタ数も違うし，もちろんバイナリ・レベルでの互換性もありません．

極端な書き方をするとAArch64は従来のARMとは違うアーキテクチャで，命令セットの互換性が分断化されています．それにもかかわらず，ユーザとしては大きな障壁もなく，AArch64への移行ができるのは，エコシステムが確立されているからです．もはや，CPUアーキテクチャでの差別化よりも，エコシステムの有効性の方が重要なポイントになっています．

● 新しいエコシステムの登場

今後，ARM以外の新たなCPUコアが普及するためには，ARMを超えるCPUアーキテクチャではなく，ARMを超えるエコシステムを実現することが重要です．最近ではIoT時代を見据え，Cortex-M向けの「mbed OS」の開発が進んでおり，ARMの新たなエコシステムが機能しようとしています．

国産のCPUアーキテクチャがなかなか広まらない状況下において，ルネサス エレクトロニクスがCortex-Mシリーズを中心としたマイクロコントローラとソフトウェア開発環境，OS，ミドルウェアを統合した新たなエコシステム「Renesas Synergy」を発表しました．これらの新しいエコシステムが今後発展するためには，実際に使うユーザが増えるかどうか，またユーザが増えることによる情報の流通量が増えるかどうか，新たな機能要求などのフィードバックがされるかどうかがポイントです．

● どう差異化するかが鍵

またARMのエコシステムがあまりに強くなりすぎると，SoC/マイコン・メーカは差異化が難しくなります．ARMのエコシステムに沿った汎用化されたデバイスしか出てこなくなってしまうと，大規模な半導体メーカしか生き残れなくなってしまいます．今後はより一層のメーカの統合が進んでいくかもしれません．

新しい半導体製造技術を用いる大規模SoCでは，開発にかかる初期費用が膨大化してしまいます．特定用途向けにでも大量に使われるものか，汎用化して幅広く販売できるものしか作れなくなっていくでしょう．このような状況の中でも個性あふれるSoCが生まれてくることを期待したいものです．

特殊な用途には，Xilinx社のZynqシリーズのようなARMのCPUコアを内蔵したFPGAがより一層普及するかもしれません．もちろんライバル企業のAltera社を買収したIntel社の次の動きからも目が離せません．

さねよし・ともひろ
㈱アットマークテクノ

第2章 アーキテクチャ

ARMプロセッサ誕生の歴史から最新動向まで
編集部

　「ARMプロセッサ」が広く使われています．しかし，英国ARM社のマイコン/SoC(System on a Chip)/ASSP(特定用途向けIC)製品はありません．ARM社は，マイクロプロセッサのアーキテクチャを開発し，それをIP(Intellectual Property；知的財産)コアとして提供している会社だからです．

　ここでは，「ARMプロセッサ」に共通のプロセッサ・アーキテクチャやプロセッサ・コアについて解説した記事を集めています．ARMアーキテクチャの歴史やARMプロセッサの動向に関する記事も含みます．

　具体的なマイコン/ASSP(Application Specific Standard Product)デバイス製品については，第3章で，ボード製品については第4章で取り上げています．

　本書付属CD-ROMにPDFで収録したアーキテクチャに関する記事の一覧を表1に示します．

表1 アーキテクチャに関する記事の一覧(複数に分類される記事は，他の章で概要を紹介している場合がある)

記事タイトル	初出	ページ数	PDFファイル名
既存のプロセッサ・アーキテクチャを拡張して高速処理	Design Wave Magazine 2001年2月号	6	dw2001_02_095.pdf
Intel社のXScaleとの付き合いかた	Design Wave Magazine 2001年10月号	1	dw2001_10_123.pdf
続 Intel社のXScaleとの付き合いかた	Design Wave Magazine 2002年5月号	1	dw2002_05_083.pdf
ARM11を発表したARM社の思惑	Design Wave Magazine 2002年7月号	1	dw2002_07_095.pdf
メモリ管理のしくみとプロセッサへの実装	Design Wave Magazine 2002年9月号	20	dw2002_09_082.pdf
μITRONやARMプロセッサ関連の話題が目白押し	Design Wave Magazine 2003年2月号	2	dw2003_02_156.pdf
組み込みプロセッサの最新動向	Design Wave Magazine 2003年12月号	5	dw2003_12_024.pdf
AMBA 3.0に追加された高性能バス用のAXI仕様	Design Wave Magazine 2003年12月号	11	dw2003_12_047.pdf
今さら聞けないマルチプロセッサの基礎，教えます	Design Wave Magazine 2004年11月号	9	dw2004_11_047.pdf
システム設計とマイクロプロセッサ	Design Wave Magazine 2006年3月号	3	dw2006_03_040.pdf
アーキテクチャの視点で見たARMコアの変遷と動向	Design Wave Magazine 2006年4月号	6	dw2006_04_024.pdf
クロックレスARMプロセッサのアーキテクチャと非同期方式の効果	Design Wave Magazine 2006年8月号	9	dw2006_08_110.pdf
ARMプロセッサ・シリーズとCortex-M3の概要	Design Wave Magazine 2008年5月号	7	dw2008_05_063.pdf
「組み込みシステム開発」事始め	Design Wave Magazine 2008年6月号	2	dw2008_06_036.pdf
「STM32付属ARM基板デザイン・コンテスト」結果発表	Design Wave Magazine 2009年1月号	1	dw2009_01_136.pdf
ARMアーキテクチャの概要	Interface 2001年7月号	9	if_2001_07_191.pdf
JavaアクセラレーションテクノロジARM Jazelle	Interface 2002年1月号	4	if_2002_01_110.pdf
最新ARMアーキテクチャ ARM 10	Interface 2002年2月号	9	if_2002_02_142.pdf
ARMアーキテクチャの基礎知識	Interface 2006年11月号	12	if_2006_11_064.pdf

記事タイトル	初 出	ページ数	PDFファイル名
ARMプロセッサの最新アーキテクチャv7詳解	Interface 2006年11月号	15	if_2006_11_136.pdf
ARM Forum 2006	Interface 2007年1月号	1	if_2007_01_015.pdf
ARM Forum 2007	Interface 2008年1月号	1	if_2008_01_017.pdf
ARMアーキテクチャの基礎知識	Interface 2008年11月号	4	if_2008_11_044.pdf
Thumb-2対応GCCクロス開発環境の構築	Interface 2008年11月号	11	if_2008_11_094.pdf
ARM Forum 2008	Interface 2009年1月号	1	if_2009_01_012.pdf
ARMアーキテクチャの基礎を知る	Interface 2009年5月号	11	if_2009_05_050.pdf
ソフトウェア資産の再利用と移植性の高いプログラミング方法	Interface 2010年1月号	8	if_2010_01_072.pdf
割り込みコントローラを理解すれば，割り込みはもっと楽しい	Interface 2010年1月号	17	if_2010_01_119.pdf
ARMマイコン基板アプリケーション制作コンテスト結果発表	Interface 2010年1月号	3	if_2010_01_174.pdf
ARM Cortex-Mシリーズのソフトウェア・インターフェース規格 CMSIS	Interface 2010年5月号	6	if_2010_05_134.pdf
マイクロプロセッサ変遷史/1990年代〜2000年代	Interface 2010年10月号	20	if_2010_10_044.pdf

アーキテクチャの視点で見たARMコアの変遷と動向

（Design Wave Magazine 2006年4月号）

6ページ

　ARMプロセッサのファミリとアーキテクチャという観点で，ARMコアの変遷を整理しています（図1）．ARM7以降のファミリごと，ARMv4T以降のアーキテクチャごとに特徴を説明しています．

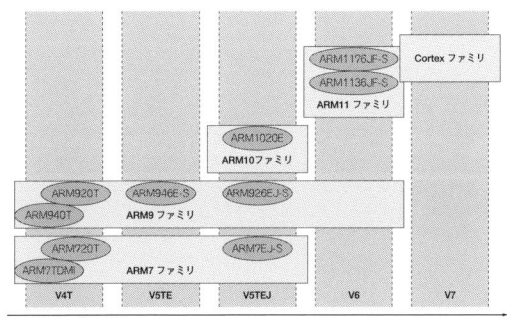

図1　ファミリとアーキテクチャ

ARMアーキテクチャの概要

（Interface 2001年7月号）

9ページ

　連載「ARMプロセッサ徹底活用研究」の第1回です．ARM社の歴史を整理しています．ARMアーキテクチャの最初のプロセッサ・コアであるARM1からARM10までが取り上げられています．特にARM6以降について詳しく説明されています（図2）．

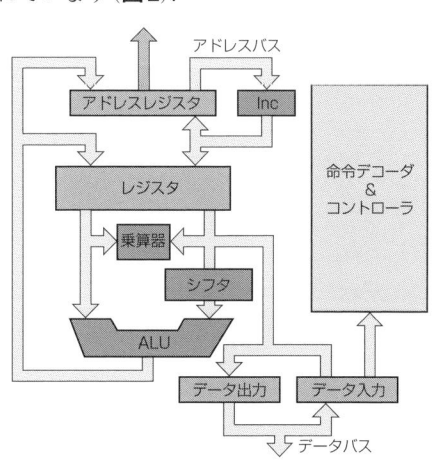

図2　ARM6のブロック図

ARMアーキテクチャの基礎知識

（Interface 2006年11月号）　**12ページ**

　ARMアーキテクチャのバージョンを整理した後，ARM7以降のコア・ファミリの特徴を紹介しています．レジスタ・セットやアドレッシング・モード，ほとんどの命令で採用された条件フラグなどについて特に詳しく説明しています（**表2**）．

表2　ARMのレジスタ・セット

レジスタ	別名	意味
r0	a1	引き数，結果，一時レジスタ
r1	a2	引き数，結果，一時レジスタ
r2	a3	引き数，結果，一時レジスタ
r3	a4	引き数，結果，一時レジスタ
r4	v1	変数レジスタ
r5	v2	変数レジスタ
r6	v3	変数レジスタ
r7	v4	変数レジスタ
r8	v5	変数レジスタ
r9	v6またはsb	変数レジスタ，またはスタック・ベース
r10	v7またはsl	変数レジスタ，またはスタック・リミット
r11	v8またはfp	変数レジスタ，またはフレーム・ポインタ
r12	ip	プロシージャ・コール内スクラッチ・レジスタ
r13	sp	スタック・ポインタ
r14	lr	リンク・レジスタ
r15	pc	プログラム・カウンタ
cpsr	―	カレント・プログラム・ステータス・レジスタ
spsr	―	保存プログラム・ステータス・レジスタ

ARMアーキテクチャの基礎知識

（Interface 2008年11月号）　**4ページ**

　ARMアーキテクチャのバージョンとコア・ファミリ，コアの型名の意味などについて整理しています．半導体メーカ各社から発売されている具体的な製品の特徴についても紹介しています（**写真1**）．

(a) ADuc7000シリーズ

(b) NS9300シリーズ

(c) LPC2000シリーズ

(d) STM32シリーズ

写真1　さまざまなARMマイコン

ARMプロセッサの最新アーキテクチャv7詳解

（Interface 2006年11月号）　**15ページ**

　Cortex-A/R/Mプロセッサが採用しているアーキテクチャARMv7に注目しています．ARMv4からARMv7への進化や，ARMv7命令セット，アプリケーション/リアルタイム/マイクロコントローラ向けの各プロファイルARMv7-A/R/Mについて解説しています（**図3**）．

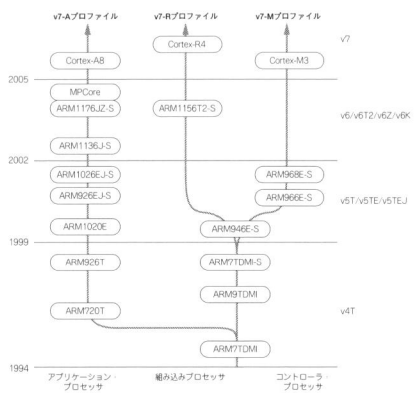

図3　ARMアーキテクチャv7への進化

最新ARMアーキテクチャARM10

（Interface 2002年2月号）　**9ページ**

　連載「ARMプロセッサ徹底活用研究」の第7回です．当時最新のアーキテクチャだったARMv5を採用するプロセッサ・コアARM10ファミリのうち，ARM1020Eについて詳細に説明しています（**図4**）．

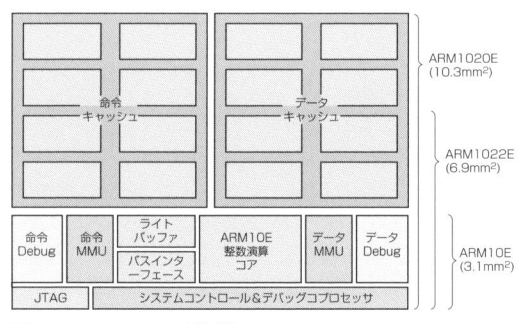

図4　ARM1020Eの実装例

既存のプロセッサ・アーキテクチャを拡張して高速処理

（Design Wave Magazine 2001年2月号）

6ページ

ARMアーキテクチャのJava拡張「Jazelle」についての解説です．プロセッサ・コアの内部に，Javaバイト・コードを高速処理するハードウェアを組み込む技術です．

Embedded CaffeineMark 3.0ベンチマークでは，ARM9コアとJVMを利用した場合と比べて，メモリ使用量が少なく，低消費電力で，約8倍の実行性能が得られることが説明されています（図5）．

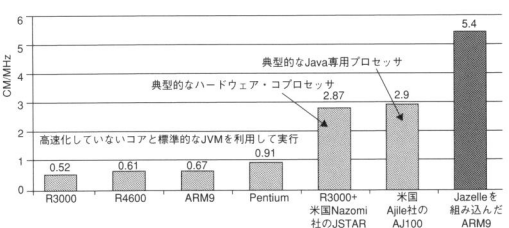

図5 Embedded CaffeineMark 3.0ベンチマークによるJavaバイト・コードの実効性能の比較

Javaアクセラレーションテクノロジ ARM Jazelle

（Interface 2002年1月号）

4ページ

連載「ARMプロセッサ徹底活用研究」の第6回です．ARMアーキテクチャのJava拡張「Jazelle」について解説しています．Javaバイト・コードの実行を開始する基本的な動作やJava実行環境のJTEK（Java Technology Enabling Kit，図6），Jazelle開発環境などの説明があります．

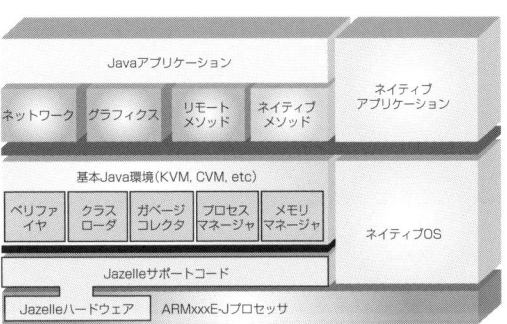

図6 Java実行環境JTEKの構成

クロックレスARMプロセッサのアーキテクチャと非同期方式の効果

（Design Wave Magazine 2006年8月号）

9ページ

ARM9ファミリに属するARM996HSプロセッサ・コアの解説です（図7）．このコアは非同期回路で設計されています．同期式回路に対する非同期式回路の利点や，同期式との動作の違い，ほぼ同じ仕様の同期式コアARM968E-Sとの比較などが説明されています．

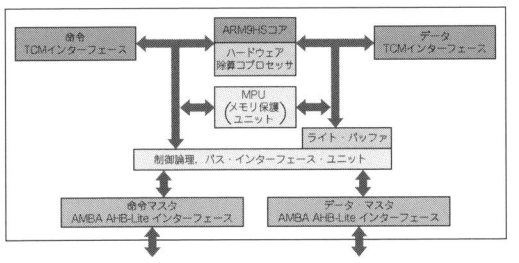

図7 ARM996HSプロセッサ・コアのブロック図

ARM Cortex-Mシリーズのソフトウェア・インターフェース規格 CMSIS

（Interface 2010年5月号）

6ページ

Cortex-Mシリーズ用のソフトウェア・インターフェース規格CMSIS（Cortex Microcontroller Software Interface Standard）の解説です．ハードウェアを抽象化してデバイスの違いを吸収し，ソフトウェアの再利用性を高める仕組みです．

メモリ管理のしくみとプロセッサへの実装

（Design Wave Magazine 2002年9月号）

20ページ

ARM940Tのメモリ保護ユニット（MPU）の機能と，μITRONにおけるメモリ保護機能の実装方法の解説です．特に，メモリ管理情報の単位であるリージョンの使い方について詳しく説明されています．メモリ保護機能の有無による性能比較もあります．

ARMプロセッサ活用記事全集

割り込みコントローラを理解すれば，割り込みはもっと楽しい

（Interface 2010年1月号） **17ページ**

ARM7TDMIコアの割り込み機能（VIC：Vectored Interrupt Controller）についての解説です．Interface 2009年5月号に付属したARMマイコン（NXP Semiconductors社のLPC2388）基板を例に解説しています（図8）．

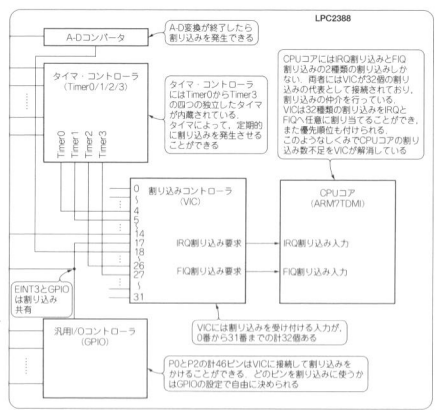

図8　Interface 2009年5月号付属ARMマイコン基板の割り込みの仕組み

今さら聞けないマルチプロセッサの基礎，教えます

（Design Wave Magazine 2004年11月号） **9ページ**

マルチプロセッサ・システムにおけるCPUやOSの動作について解説しています．キャッシュ・メモリや割り込みの共有について詳しく説明しています．具体例としてARMプロセッサ・コアのMPCoreが取り上げられています（図9）．

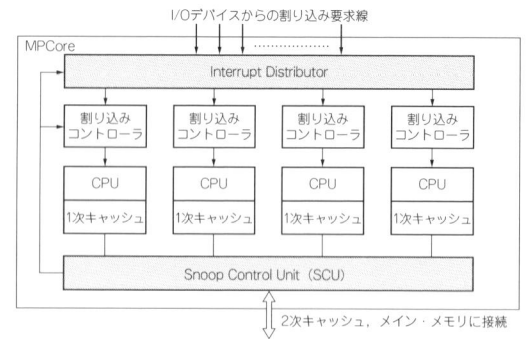

図9　MPCoreのブロック図

特集 組み込みプロセッサ技術の新潮流

（Design Wave Magazine 2003年12月号） **全16ページ**

組み込みプロセッサのアーキテクチャの新技術に注目した特集です．以下の記事で，ARMアーキテクチャが取り上げられています．

● 組み込みプロセッサの最新動向（5ページ）

プロセッサ・アーキテクチャについて整理しています．汎用プロセッサの進歩の例としてARMコアが取り上げられています．組み込みシステムで使われるマルチプロセッサの主流が非対称（ヘテロジニアス）になっていることや，そのために考えるべきオンチップ・バスの構成，独特なアーキテクチャのプロセッサと汎用プロセッサの特徴について説明しています（図10）．

● AMBA 3.0に追加された高性能バス用のAXI仕様（11ページ）

システムLSI向けのオンチップ・バス規格AMBA 3.0で追加されたAXI（Advanced eXtensible Interface）の仕様についての解説です（図11）．AXIで導入されたチャネル構造や，バースト転送を効率的に行うための仕組みについて解説しています．

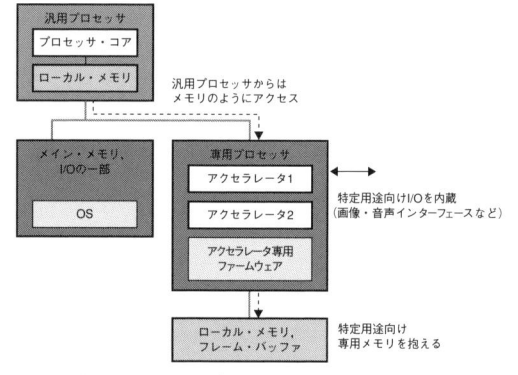

図10　非対称なマルチプロセッサ

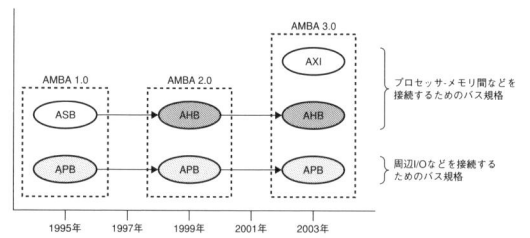

図11　AMBAバスの発展

マイクロプロセッサ変遷史／1990年代〜2000年代

（Interface 2010年10月号）　**20ページ**

　RISC（Reduced Instruction Set Computer）プロセッサが台頭してきた1990年代と，マルチコア化が進んだ2000年代のマイクロプロセッサについて解説しています．具体例の一つとしてARMプロセッサが取り上げられています（表3）．

表3　ARMアーキテクチャの変遷

v1	最初の命令セット．ほとんど使用されていない
v2	乗算命令とコプロセッサをサポート
v2a	キャッシュのサポートと同期命令（SWP）の追加
v3	ARM社が独立後，最初のアーキテクチャ
v3G	詳細不明．v2aと互換性なし
v3M	結果が64ビットの乗算
v4	システム・モードのサポート．アーキテクチャの完成版
v4T	Thumbモードの追加
v5T	BLX，CLZ，BKPT命令の追加
v5TE	DSP命令セットの追加
v5TEJ	Java拡張（Jazelle）の追加
v6	マルチメディア拡張（SIMD）．同期命令の強化（LDREX/STREX）．割り込み応答の高速化．TLBの空間ID採用
v6T2	Thumb-2モードの追加
v6Z	TrustZoneの追加

コラム　Mr. M.P.Iのプロセッサ・レビュー

（Design Wave Magazine 2001年10月号〜2002年7月号）　**全3ページ**

　マイクロプロセッサをテーマにした連載コラムです．以下の3回で，ARMプロセッサを話題にしています．

- Intel社のXScaleとの付き合いかた
  （2001年10月号，1ページ）
- 続 Intel社のXScaleとの付き合いかた
  （2002年5月号，1ページ）
- ARM11を発表したARM社の思惑
  （2002年7月号，1ページ）

「STM32付属ARM基板デザイン・コンテスト」結果発表

（Design Wave Magazine 2009年1月号）　**1ページ**

　Design Wave Magazine 2008年5月号に付属していたARMマイコン基板を応用したコンテストの審査結果です．入賞作品のうちDWM賞のTOPPERS/ASPカーネルの移植に関連する記事は，Interface 2008年12月号に掲載されました．

ARMマイコン基板アプリケーション制作コンテスト結果発表

（Interface 2010年1月号）　**3ページ**

　Interface 2009年5月号に付属していたARMマイコン基板を応用したコンテストの審査結果です．第1位はMP3プレーヤ，第2位はキー・タイプ・カウンタでした．両入賞作品に関する記事は，本書CD-ROMにPDFで収録しています．

μITRONやARMプロセッサ関連の話題が目白押し

（Design Wave Magazine 2003年2月号）　**2ページ**

　2002年11月に開催された組み込み技術関連の展示会「ET（Embedded Technology）」のレポート記事です．組み込みプロセッサにおいてARMプロセッサに勢いがあったことを示した後，展示されていた開発ツールなどが取り上げています．

SHOW REPORT

（Interface 2007年1月号〜）　**全3ページ**

　毎年10月に開催されているARM Forumのレポート記事です．

- ARM Forum 2006（2007年1月号，1ページ）
- ARM Forum 2007（2008年1月号，1ページ）
- ARM Forum 2008（2009年1月号，1ページ）

第3章　マイコン/SoC

デバイスの構成と内蔵機能の使い方
編集部

ここでは，ARMプロセッサ・コアを搭載したマイコン/SoC(System on a Chip)/ASSP(Application Specific Standard Product；特定用途向け標準IC)製品について注目している記事を記事を集めています．

ARMプロセッサ・コアは，2000年代前半まではASIC(Application Specific IC)やASSPの中で用いられることが多いプロセッサでした．この流れから，ARMプロセッサ・コアを内蔵したFPGA(Field Programmable Gate Array)もあります．

ボード製品に注目している記事については第4章で取り上げています．

本書付属CD-ROMにPDFで収録したマイコン/SoCに関する記事の一覧を表1に示します．

表1　マイコン/SoCに関する記事の一覧(複数に分類される記事は，他の章で概要を紹介している場合がある)

記事タイトル	掲載号	ページ数	PDFファイル名
USBに挿すだけ！ブートローダ内蔵ARMマイコン AT91SAM7X256	トランジスタ技術 2010年3月号	9	2010_03_201.pdf
ARM Cortex-M3コア・マイコン Stellaris LM3S3748	トランジスタ技術 2010年9月号	6	2010_09_165.pdf
アナログもディジタルも一新！PSoC3 CY8C3866	トランジスタ技術 2010年10月号	7	2010_10_165.pdf
電力線搬送モデム用IC AMIS-49587試用レポート	トランジスタ技術 2010年11月号	7	2010_11_211.pdf
インターネット・アプライアンスの設計	Design Wave Magazine 2001年7月号	12	dw2001_07_037.pdf
PLDデバイス・アーキテクトの決断	Design Wave Magazine 2002年6月号	8	dw2002_06_086.pdf
ADuC7000シリーズの概要	Design Wave Magazine 2006年3月号	9	dw2006_03_048.pdf
PLA設計をマスタする	Design Wave Magazine 2006年3月号	4	dw2006_03_079.pdf
ARMコアの導入からシステムLSI設計まで	Design Wave Magazine 2006年4月号	9	dw2006_04_030.pdf
ARMベース・システムLSI開発の事例研究	Design Wave Magazine 2006年5月号	14	dw2006_05_109.pdf
システムLSI設計をするためのARMプロセッサ・コアの選び方	Design Wave Magazine 2008年6月号	12	dw2008_06_089.pdf
FPGAでARM Cortex-M1プロセッサを使う《ハードウェア編》	Design Wave Magazine 2008年12月号	10	dw2008_12_033.pdf
FPGAでARM Cortex-M1プロセッサを使う《ソフトウェア編》	Design Wave Magazine 2008年12月号	10	dw2008_12_043.pdf
MN1A7T0200詳解	Interface 2001年9月号	9	if_2001_09_161.pdf
CQ RISC評価キット/ARM7活用入門	Interface 2001年10月号	5	if_2001_10_162.pdf
ARM7TDMI MN1A7T0200について	Interface 2002年3月号	3	if_2002_03_054.pdf
CQ RISC評価キット/ARM7について	Interface 2002年3月号	6	if_2002_03_069.pdf
PXA25x/PXA26xアプリケーションプロセッサ解説	Interface 2003年6月号	12	if_2003_06_153.pdf
XScaleプロセッサのプログラミング	Interface 2003年7月号	8	if_2003_07_128.pdf
PCカード/CompactFlashソケットの実装	Interface 2003年12月号	10	if_2003_12_138.pdf
CPUローカルバスの制御方法とPCIバスブリッジの実装	Interface 2004年2月号	9	if_2004_02_146.pdf
Philips LPC2138のJTAG機能とSPI機能の活用事例	Interface 2006年11月号	14	if_2006_11_084.pdf
Cirrus Logic EP9307のメモリ・コントローラとブート手順	Interface 2006年11月号	12	if_2006_11_098.pdf

記事タイトル	掲載号	ページ数	PDFファイル名
Digi International NS9360と評価ボードAZ9360MBの概要	Interface 2006年11月号	13	if_2006_11_110.pdf
ARMマイコンLPCシリーズとLPC2388の概要	Interface 2009年5月号	8	if_2009_05_061.pdf
付属ARMマイコン基板応用システム大集合	Interface 2009年6月号	2	if_2009_06_036.pdf
UARTコントローラの使い方	Interface 2009年6月号	8	if_2009_06_038.pdf
MMCカード・コントローラの使い方	Interface 2009年6月号	13	if_2009_06_046.pdf
FATファイル・システムの構築と有機ELディスプレイの接続	Interface 2009年6月号	12	if_2009_06_059.pdf
USBターゲット・コントローラの使い方	Interface 2009年6月号	11	if_2009_06_071.pdf
USBホスト・コントローラの使い方	Interface 2009年6月号	12	if_2009_06_082.pdf
ネットワーク・テスト用サンプル・プログラムの使い方	Interface 2009年6月号	3	if_2009_06_094.pdf
付属基板によるリアルタイムOSとTCP/IPスタックの動作	Interface 2009年6月号	11	if_2009_06_097.pdf
付属ARMマイコン基板を利用してPWM機能を理解する	Interface 2009年10月号	5	if_2009_10_140.pdf
消費電力を下げて，ACサーボ・モータ制御を実現する最新技術	Interface 2010年1月号	10	if_2010_01_103.pdf
RTOS移植のためのARMマイコン「LPC2388」の単体機能をチェックする	Interface 2010年5月号	7	if_2010_05_079.pdf
Cortex-M1コア搭載の評価ボードに挑戦	Interface 2010年6月号	6	if_2010_06_184.pdf
テスト・ボードを動かす	Interface 2010年7月号	9	if_2010_07_160.pdf
Actel社のFusionでA-Dコンバータを使う	Interface 2010年8月号	11	if_2010_08_145.pdf
Cortex-M3プロセッサ搭載FPGA "SmartFusion"	Interface 2010年11月号	6	if_2010_11_167.pdf

USBに挿すだけ！ブートローダ内蔵ARMマイコンAT91SAM7X256

（トランジスタ技術 2010年3月号）　9ページ

　Atmel社のARMマイコン「AT91SAM7X256」を取り上げています（図1）．ARM7TDMIコアのマイコンです．プログラムの書き込みのためのUSBブートローダを内蔵しています．製作事例として，USBデータ・ロガーを紹介しています（写真1）．

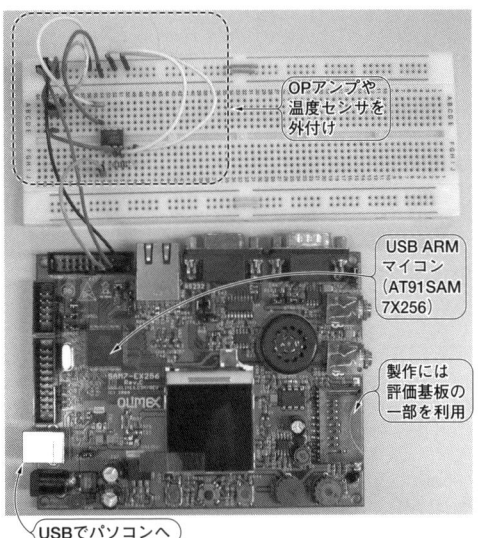

図1　AT91SAM7X256の内部構成

写真1　USBデータ・ロガー

ARM Cortex-M3コア・マイコン Stellaris LM3S3748

（トランジスタ技術 2010年9月号）　6ページ

　Texas Instruments社のARMマイコン「LM3S3748」を取り上げています（図2）．Cortex-M3コアのマイコン・ファミリ Stellaris シリーズの製品です．評価キットを使ったソフトウェア開発について具体的に説明しています（写真2）．

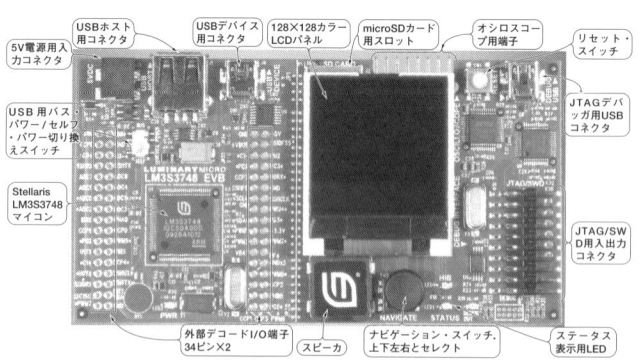

写真2　LM3S3748評価キット

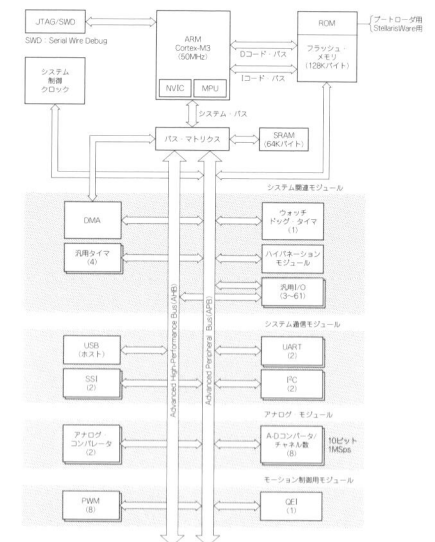

図2　LM3S3748の内部構成

MN1A7T0200詳解

（Interface 2001年9月号）　9ページ

　連載「ARMプロセッサ徹底活用研究」の第3回です．松下電器産業（当時）のARMマイコン「MN1A7T0200」を取り上げています（図3）．移動体通信分野で使われているARM7TDMIコアのマイコンです．外部バスや割り込み，ペリフェラルなどについて詳しく解説しています．

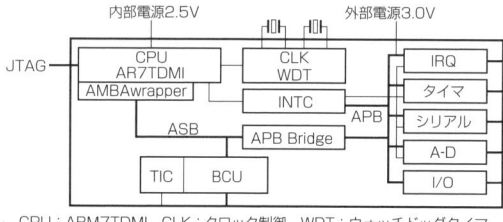

図3　MN1A7T0200の内部構成

CQ RISC評価キット/ARM7 活用入門

（Interface 2001年10月号）　5ページ

　連載「ARMプロセッサ徹底活用研究」の第4回です．松下電器産業（当時）のARMマイコン「MN1A7T0200」を取り上げています．「CQ RISC評価キット/ARM7」で採用されているARM7TDMIコアのマイコンです（写真3）．LEDの制御などでよく使う汎用入出力（GPIO）のレジスタについて詳細に説明されています．

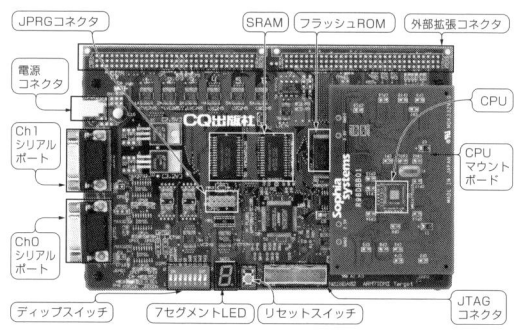

写真3　CQ RISC評価キット/ARM7

連載 XScaleプロセッサ徹底活用研究

(Interface 2003年6月号〜2004年2月号)

全47ページ

Intel社のARMアーキテクチャ・マイコン「PXA25x/26x」を取り上げています(図4). ARMv5TEアーキテクチャのライセンスを元に,同社が独自に設計したXScaleコアのマイコン製品です. PDAで広く採用されました.

「CQ RISC評価キット/XScale」には,PXA250が搭載されていました(写真4).

- PXA25x/PXA26xアプリケーションプロセッサ解説(2003年6月号,12ページ)

XScaleマイクロアーキテクチャの概要を述べた後,クロック/電源制御やメモリ・コントローラ,割り込み制御,DMAコントローラ,各種ペリフェラルについて説明しています.

CQ RISC評価キット/XScaleの仕様の紹介もあります.

- XScaleプロセッサのプログラミング (2003年7月号,8ページ)

CQ RISC評価キット/XScaleで動作する各種I/O制御プログラムが紹介されています. LED点灯制御,タイマ割り込み,外部割り込み,シリアル通信,メモリ・テスト,CPUモード設定などがあります.

PXA250の内蔵機能を活用するためのレジスタの制御方法がよく分かります.

- USBターゲットプログラミング事例 (2003年9月号,8ページ)

PXA250が内蔵するUSBデバイス・コントローラUDCを活用してUSBターゲット機器を設計する方法の解説です. USB関連レジスタについて詳しい説明があります.

LEDの点灯/消灯制御,DIPスイッチの状態の読み込み,スイッチを使った割り込みの認識を行うプログラムを作成しています(図5).

- PCカード/CompactFlashソケットの実装 (2003年12月号,10ページ)

PXA250が内蔵するPCカード/CompactFlashインターフェースを活用する方法の解説です. PCカード/CompactFlashインターフェースのレジスタの詳細やソケットの実装方法について詳しい説明があります.

- CPUローカルバスの制御方法とPCIバスブリッジの実装(2004年2月号,9ページ)

PXA250とPCIバスとのブリッジを実現する方法の解説です. PXA250のローカル・バスの機能や制御方法について詳しい説明があります. ブリッジ回路にはFPGAを用いています.

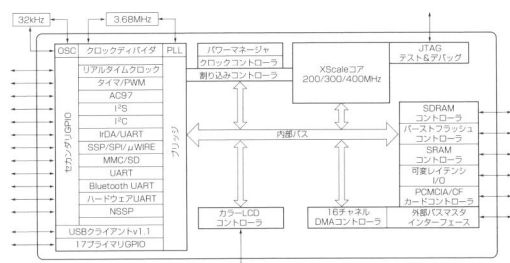

図4 PXA25x/26xの内部構成

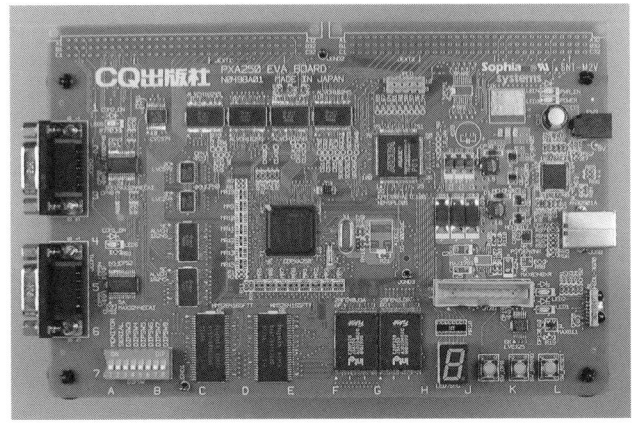

写真4 CQ RISC評価キット/XScale

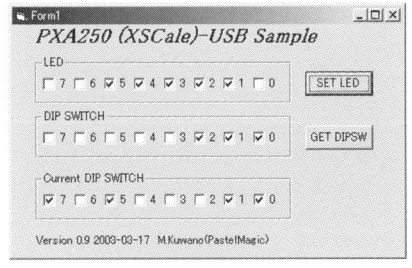

(a) 動作画面

(b) 割り込み発生時

図5 USBデバイス・コントローラUDCを使ったサンプル・アプリケーションの画面

特集 ARMマイコン基板をとことん使いこなそう！

(Interface 2009年6月号)

全72ページ

Interface 2009年5月号に付属したARMマイコン基板(写真5)の活用方法をまとめた特集です．基板に搭載されているNXP Semiconductors社の「LPC2388」(図6)のさまざまな内蔵コントローラの使い方があります．

- **付属ARMマイコン基板応用システム大集合 (2ページ)**

LPC2388の内蔵コントローラの種類や応用例についての紹介です．

- **UARTコントローラの使い方(8ページ)**

UARTコントローラの機能やレジスタの詳細，通信制御の方法，シリアル通信プログラムなどについて解説しています．

- **MMCカード・コントローラの使い方 (13ページ)**

MMC(Multi Media Card)やSDメモリーカードを制御するMCI(Multimedia Card Interface)の機能やレジスタの詳細，メモリ・カードの制御方法，MCIのデータ転送で利用できるDMA機能などについて解説しています(図7)．

- **FATファイル・システムの構築と有機ELディスプレイの接続(12ページ)**

前章のMCIを使ったメモリ・カード制御の方法の解説を受けて，実際にメモリ・カードのデータを読み書きしています．また，メモリ・カードに記録された画像データを有機ELディスプレイに表示する応用事例があります(写真6)．メモリ・カードのデータの読み書きでは，FATファイル・システムFatFsを利用しています．

- **USBターゲット・コントローラの使い方 (11ページ)**

USBターゲット・コントローラ(図8)の機能やレジスタの詳細，通信制御の方法などについて解説しています．バルクOUT/IN転送とインタラプトIN転送を使って，スイッチの状態の読み出しとLEDの点灯制御を行う事例もあります．

- **USBホスト・コントローラの使い方(12ページ)**

USBホスト・コントローラ(図9)の機能やレジスタの詳細などについて解説しています．また，USBフラッシュ・メモリを接続する応用事例があります(写真7)．記録されているWAVファイルをD-A変換して再生したり，マイクからの入力をA-D変換して記録します(図10)．メーカからサンプル・プログラムとして提供されて

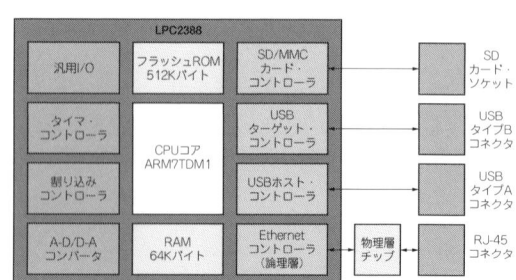

図6 LPC2388の内部構成

写真5 Interface 2009年5月号付属ARMマイコン基板

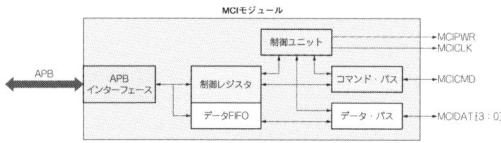

図7 MCIモジュールの内部構成

写真6 メモリ・カードを利用したモバイル端末

いるUSBホスト・スタックを利用しています．

● ネットワーク・テスト用サンプル・プログラムの使い方（3ページ）

サンプル・プログラムによるEthernetインターフェースのテスト方法の説明です．LPC2388にはEthernetコントローラが内蔵されています．Ethernetの物理層ICとRJ-45コネクタを接続すれば，ネットワークに接続できるようになります．

● 付属基板によるリアルタイムOSとTCP/IPスタックの動作（11ページ）

μITRON仕様のリアルタイムOS「μC3/Compact」を実装し，簡単なアプリケーション・プログラムを動作させる方法の説明です（図11）．また，TCP/IPプロトコル・スタック「μNet3/Compact」を動作させて，Webサーバを実現しています．

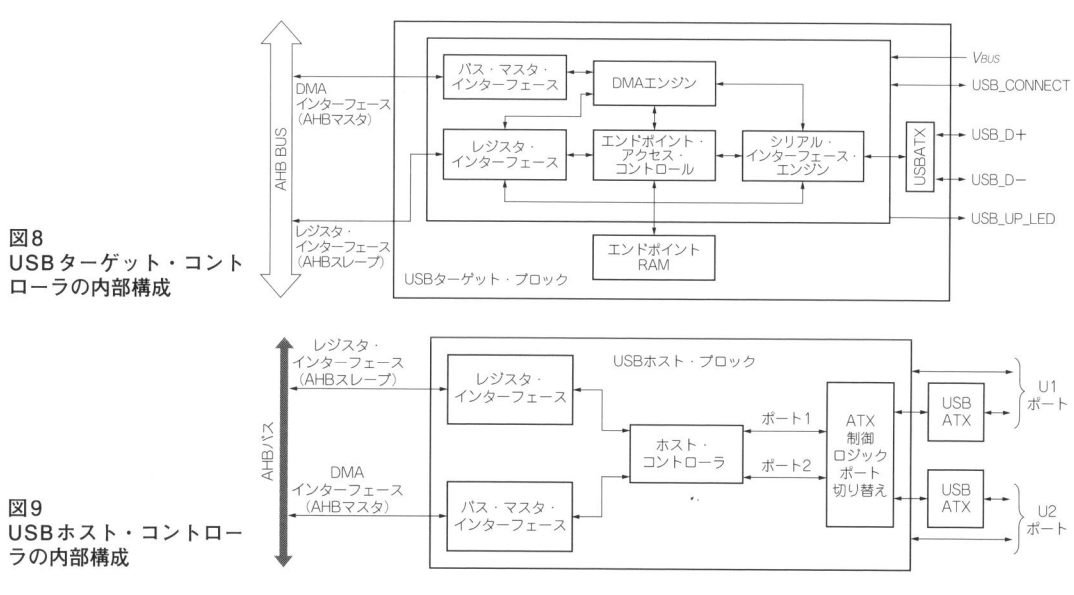

図8 USBターゲット・コントローラの内部構成

図9 USBホスト・コントローラの内部構成

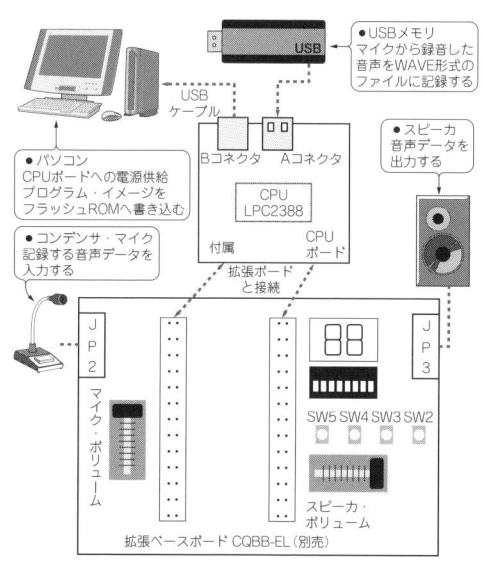

図10 音声録再器の構成

写真7 音声録再器

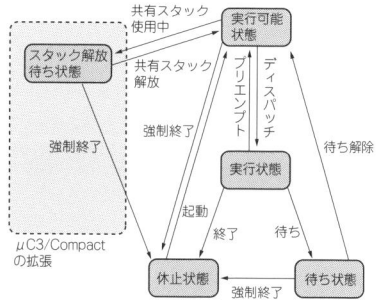

図11 μC3/Compactの状態遷移

ARMプロセッサ活用記事全集　　　33

付属ARMマイコン基板を利用してPWM機能を理解する

（Interface 2009年10月号）　　5ページ

　Interface 2009年5月号に付属したARMマイコン基板に搭載されているNXP Semiconductors社の「LPC2388」の内蔵機能の一つであるPWM（パルス幅変調）モジュールの使い方です（**図12**, **図13**）．PWMによりLEDの明るさを変える方法を具体的に説明しています．

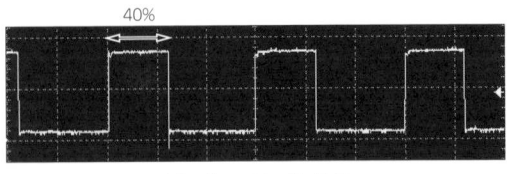
（a）デューティ比40 %

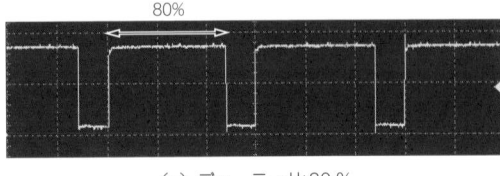
（a）デューティ比80 %

図12　出力されたPWM信号

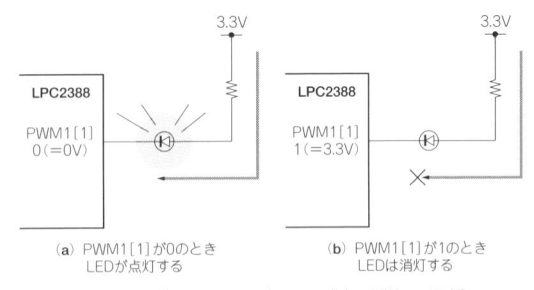
（a）パルス幅変調（PWM）された信号

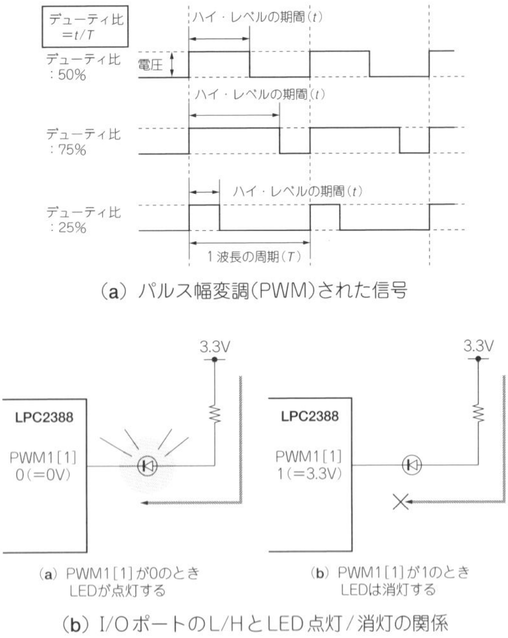

（a）PWM1[1]が0のとき LEDが点灯する　　（b）PWM1[1]が1のとき LEDは消灯する
（b）I/OポートのL/HとLED点灯/消灯の関係

図13　PWMと応用

Philips LPC2138のJTAG機能とSPI機能の活用事例

（Interface 2006年11月号）　　14ページ

　Philips Semiconductor社（当時）のARMマイコン「LPC2138」を取り上げています．ARM7TDMIコアのマイコン製品です（**図14**）．
　JTAGの基本的な機能と，ARM7のJTAGデバッグ機能とであるDCC（デバッグ通信チャネル）の使用法について詳しく説明しています．
　SPI接続のEthernetコントローラの活用事例もあります（**写真8**）．

写真8　SPI接続のEthernetコントローラの活用事例

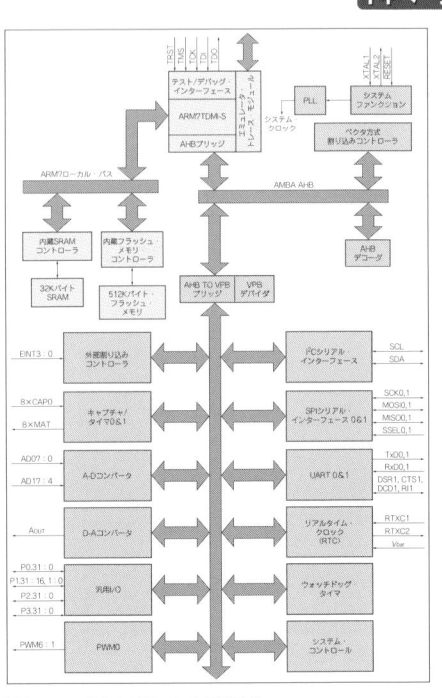
図14　LPC2138の内部構成

Cirrus Logic EP9307の メモリ・コントローラとブート手順

（Interface 2006年11月号）　12ページ

　Cirrus Logic社のARMマイコン「EP9307」を取り上げています．ARM920Tコアのマイコン製品です（図15）．

　メモリ・コントローラの機能と内蔵ブートROMからの起動方法，割り込みコントローラ，浮動小数点演算コプロセッサ，グラフィックス・アクセラレータなどについて詳しく説明しています．

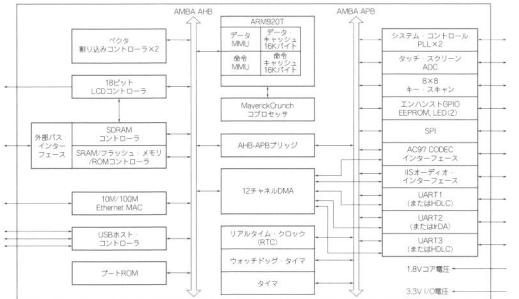

図15　EP9307の内部構成

Digi International NS9360と 評価ボードAZ9360MBの概要

（Interface 2006年11月号）　13ページ

　Digi International社のARMマイコン「NS9360」を取り上げています．ARM926EJ-Sコアのマイコン製品です（図16）．

　メモリ・レイアウトによらずシステム・ブート時にフラッシュ・メモリのブート・プログラムを適切に実行するための仕組みについて説明しています．

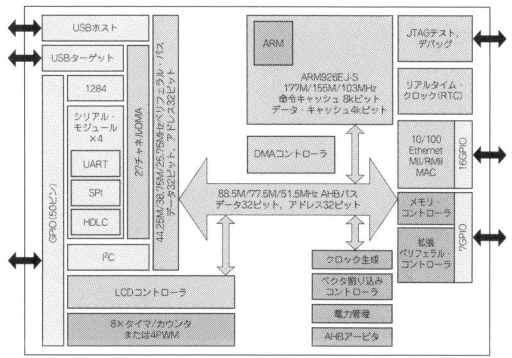

図16　NS9360の内部構成

消費電力を下げて，ACサーボ・ モータ制御を実現する最新技術

（Interface 2010年1月号）　10ページ

　東芝のARMマイコン「TMPM370」を取り上げています．Cortex-M3コアのマイコン製品です．モータ制御で用いられるベクトル・エンジンを搭載しています（図17）．モータのベクトル制御の概要やベクトル・エンジンの効果，モータ制御のための回路設計ポイントなどがあります．

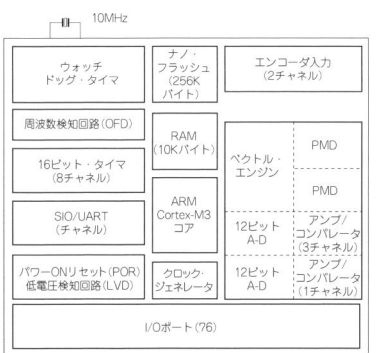

図17　TMPM370の内部構成

電力線搬送モデム用IC AMIS-49587試用レポート

（トランジスタ技術 2010年11月号）　7ページ

　ON Semiconductor社の電力線搬送モデム用IC「AMIS-49587」を取り上げています．ARM7TDMIコアが用いられているASSPです（図18）．ARMプロセッサは，通信コントローラとして全体制御やホスト機器との通信のために用いられています．

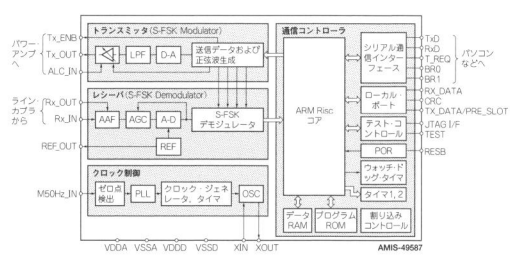

図18　AMIS-49587の内部構成

ARMプロセッサ活用記事全集

インターネット・アプライアンスの設計

（Design Wave Magazine 2001年7月号）

12ページ

　Altera社のFPGA「Excalibur」を取り上げています（図19）．ARM922Tコアをハード・マクロで搭載するFPGAです．ディジタル家電の設計において，プロセッサ・コアを内蔵のFPGAや，その開発キットを活用する方法を説明しています．

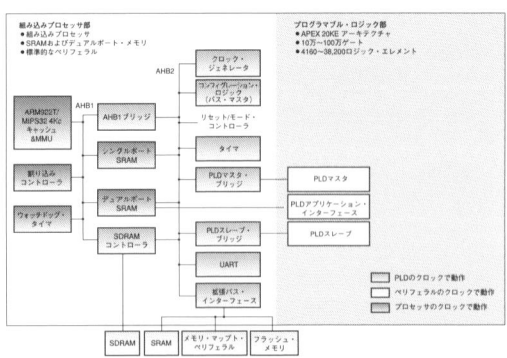

図19　Excaliburの内部構成

PLDデバイス・アーキテクトの決断

（Design Wave Magazine 2002年6月号）

8ページ

　Altera社のFPGA「Excalibur」を開発したデバイス・アーキテクトによる解説です．プロセッサ・コア内蔵FPGAのアーキテクチャ上の優位点や，ARM9を採用した理由などが述べられています（図20）．

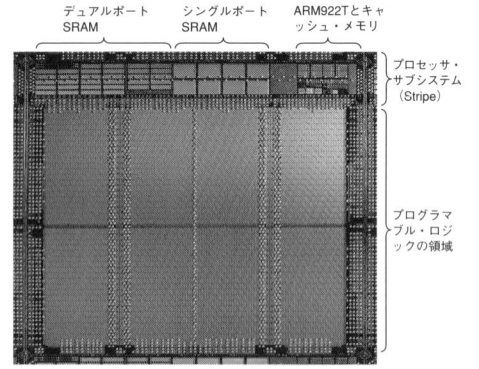

図20　ARM-based Excaliburのダイ

FPGAでARM Cortex-M1プロセッサを使う

（Design Wave Magazine 2008年12月号）

ハードウェア編 10ページ　**ソフトウェア編 10ページ**

　ハードウェア編では，Actel社（当時）のFPGA「M1-ProASIC3」と「M1-Fusion」を取り上げています．これらは，同社よりソフト・マクロで提供されるCortex-M1コアを実装可能です．Cortex-M1対応FPGAの開発環境や開発手順を具体的に紹介しています（写真9，図21）．

　ソフトウェア編では，統合開発環境を使った開発フローの概要を説明した後，割り込みを使ったLED制御のプログラムを作成して動作させています．

写真9　Cortex-M1開発キット

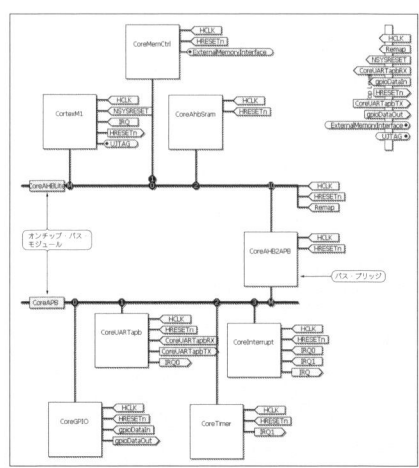

図21　Cortex-M1を組み込んだサンプル回路

アナログもディジタルも一新！PSoC3 CY8C3866

（トランジスタ技術 2010年10月号）　7ページ

　Cypress Semiconductor 社のマイコン「CY8C3866」を取り上げています．従来のPSoC 1ファミリ製品との内蔵機能の違いに注目しています．

　この記事は8051コアのPSoC 3ファミリの製品を対象にしていますが，Cortex-M3コアのPSoC 5ファミリと多くの周辺機能は共通です（**図22**）．PSoC 5ファミリを使用する上でも参考になる記事です．

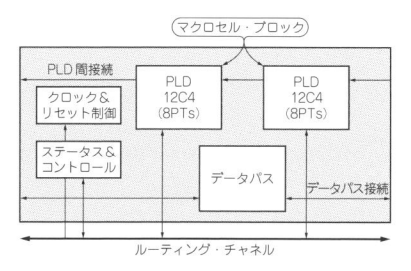

図22　PSoC 3/5が持つプログラマブルな論理ブロックUDBの構造

ARMコアの導入からシステムLSI設計まで

（Design Wave Magazine 2006年4月号）　9ページ

　LSIの開発の際に，ARMコアを利用する場合の手順や，ARMコアを取り巻くビジネス環境について解説しています．ライセンスの形態や利用方法（**図23**），ARMベースのシステムLSIの設計手順などがまとめられています．

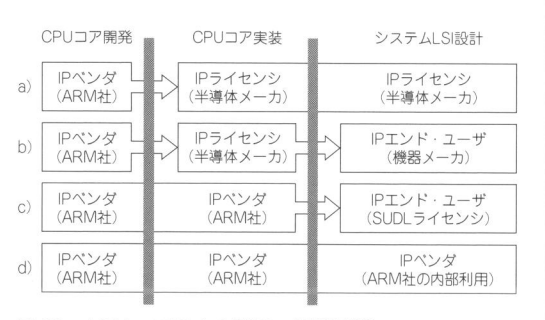

図23　ARMコアの主な利用・開発形態

ARMベース・システムLSI開発の事例研究

（Design Wave Magazine 2006年5月号）　14ページ

　アプローズテクノロジーズのグラフィックス制御LSI「AP4010」を取り上げています．ARM926EJ-Sコアが用いられています（**図24**）．ARMベースのシステムLSIを開発する際のポイントや，ARM926EJ-Sコアを選択した理由などを説明しています（**写真10**）．

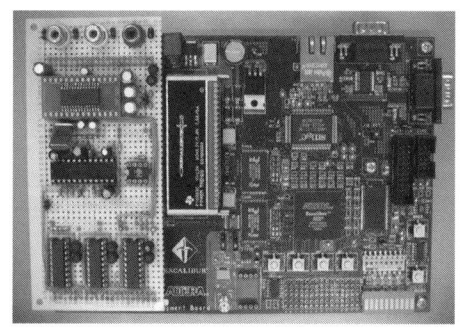

写真10　システム検討，ソフトウェア開発用ボード

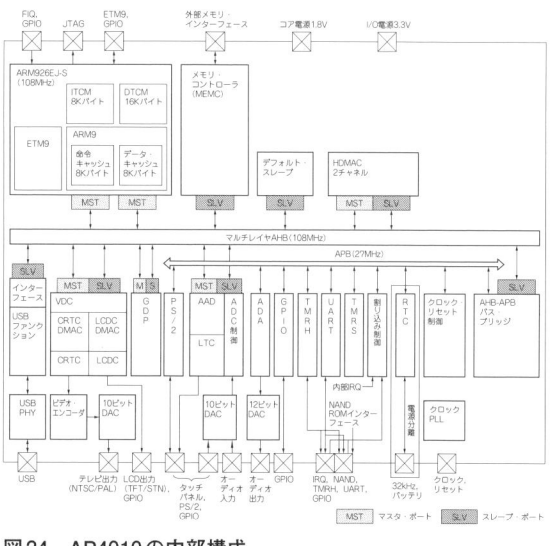

図24　AP4010の内部構成

ARMプロセッサ活用記事全集　37

第4章 ボード

市販/雑誌付属基板の活用と周辺回路設計
編集部

　ここでは，ARMプロセッサ・コアを内蔵するマイコン/SoC（System on a Chip）/ASSP（特定用途向けIC）を搭載する開発用ボードや，オリジナル・ボードを開発する際に必要な周辺回路の設計技術について解説した記事を集めています．Design Wave Magazine 2006年3月号/2008年5月号やInterface 2009年5月号に付属したARMマイコン基板に関する特集もここで取り上げています．

　開発ボードを活用していても，製作事例の紹介を趣旨としている記事は，第7章で取り上げています．

　本書付属CD-ROMにPDFで収録したボードに関する記事の一覧を**表1**に示します．

表1 ボードに関する記事の一覧（複数に分類される記事は，他の章で概要を紹介している場合がある）

記事タイトル	掲載号	ページ数	PDFファイル名
ARMマイコン評価キットLPCXpresso LPC1343	トランジスタ技術 2010年8月号	4	2010_08_167.pdf
超お手軽ARMマイコン開発キットmbed	トランジスタ技術 2010年9月号	4	2010_09_171.pdf
システム設計とマイクロプロセッサ	Design Wave Magazine 2006年3月号	3	dw2006_03_040.pdf
本誌付属ARM基板の概要	Design Wave Magazine 2006年3月号	5	dw2006_03_043.pdf
ADuC7000シリーズの概要	Design Wave Magazine 2006年3月号	9	dw2006_03_048.pdf
ADuC7026開発ツールの使いかた	Design Wave Magazine 2006年3月号	22	dw2006_03_057.pdf
PLA設計をマスタする	Design Wave Magazine 2006年3月号	4	dw2006_03_079.pdf
GNUツールを使ったADuC7026開発	Design Wave Magazine 2006年3月号	8	dw2006_03_083.pdf
組み込みCプログラミングの第一歩	Design Wave Magazine 2006年3月号	8	dw2006_03_091.pdf
RAMでプログラムを動かす	Design Wave Magazine 2006年3月号	3	dw2006_03_099.pdf
PID制御の実験	Design Wave Magazine 2006年3月号	7	dw2006_03_102.pdf
アナログ・データ・キャプチャの製作	Design Wave Magazine 2006年3月号	11	dw2006_03_109.pdf
ARM新系列コアCortex-M3と付属基板設計コンセプト	Design Wave Magazine 2008年4月号	4	dw2008_04_101.pdf
ARM Cortex-M3付属基板で始める組み込みマイクロコントローラ入門	Design Wave Magazine 2008年5月号	5	dw2008_05_052.pdf
3軸加速度センサの出力表示と簡単ゲーム「カエルがぴょん」	Design Wave Magazine 2008年5月号	4	dw2008_05_057.pdf
JavaとFlash Playerの動作確認とインストール方法	Design Wave Magazine 2008年5月号	2	dw2008_05_061.pdf
ARMプロセッサ・シリーズとCortex-M3の概要	Design Wave Magazine 2008年5月号	7	dw2008_05_063.pdf
本誌付属ARM Cortex-M3基板の概要	Design Wave Magazine 2008年5月号	9	dw2008_05_088.pdf
MEMS加速度センサの選び方，使い方	Design Wave Magazine 2008年5月号	4	dw2008_05_097.pdf

記事タイトル	掲載号	ページ数	PDFファイル名
プログラム開発ツールの準備	Design Wave Magazine 2008年5月号	6	dw2008_05_101.pdf
開発ツールを使ったプログラム開発の初歩	Design Wave Magazine 2008年5月号	7	dw2008_05_107.pdf
追加部品の実装とDFUによる プログラム書き込み手順	Design Wave Magazine 2008年5月号	10	dw2008_05_114.pdf
「組み込みシステム開発」事始め	Design Wave Magazine 2008年6月号	2	dw2008_06_036.pdf
5月号付属ARM基板用ベースボードの開発	Design Wave Magazine 2008年6月号	9	dw2008_06_038.pdf
USB「空中マウス」の製作	Design Wave Magazine 2008年6月号	9	dw2008_06_047.pdf
GNUを使ったSTM32の開発ツールの製作	Design Wave Magazine 2008年6月号	14	dw2008_06_062.pdf
ARMプロセッサで使える汎用JTAGデバッガを 自作する	Design Wave Magazine 2008年6月号	13	dw2008_06_076.pdf
システムLSI設計をするための ARMプロセッサ・コアの選び方	Design Wave Magazine 2008年6月号	12	dw2008_06_089.pdf
システムの概要とサーボモータの制御	Design Wave Magazine 2008年6月号	10	dw2008_06_123.pdf
ARM9搭載映像記録システムのクロック， リセット，電源設計	Design Wave Magazine 2008年8月号	10	dw2008_08_042.pdf
マルチメディアカードインターフェースの実装事例	Interface 2002年4月号	9	if_2002_04_134.pdf
Armadilloの概要と使用方法	Interface 2002年7月号	9	if_2002_07_121.pdf
ARMプロセッサ搭載評価ボードのいろいろ	Interface 2002年11月号	3	if_2002_11_116.pdf
Linux対応ARM9プロセッサ・ボードの 概要と活用方法	Interface 2005年9月号	10	if_2005_09_153.pdf
ARMベース組み込みマイコンを使ってみよう！	Interface 2006年5月号	17	if_2006_05_083.pdf
Digi International NS9360と評価ボード AZ9360MBの概要	Interface 2006年11月号	13	if_2006_11_110.pdf
Sun SPOTでセンサ・ネットワークことはじめ	Interface 2008年10月号	16	if_2008_10_163.pdf
ADuC7026搭載CPUカード＆拡張ベースボード の設計	Interface 2008年11月号	10	if_2008_11_048.pdf
STM32F103搭載CPUカードの設計	Interface 2008年11月号	9	if_2008_11_058.pdf
i.MX31L搭載CPUモジュール対応拡張ボードの 設計	Interface 2008年11月号	13	if_2008_11_067.pdf
付属ARMマイコン基板で何ができる？	Interface 2009年5月号	2	if_2009_05_036.pdf
付属ARMマイコン基板の使い方	Interface 2009年5月号	12	if_2009_05_038.pdf
ARMアーキテクチャの基礎を知る	Interface 2009年5月号	11	if_2009_05_050.pdf
ARMマイコンLPCシリーズとLPC2388の概要	Interface 2009年5月号	8	if_2009_05_061.pdf
内蔵フラッシュROM書き換えツール FlashMagicの使い方	Interface 2009年5月号	3	if_2009_05_069.pdf
ペン・タイプ形状ロジック・チェッカHL-49	Interface 2009年5月号	3	if_2009_05_072.pdf
初めてのLPC2388汎用I/Oプログラミング	Interface 2009年5月号	6	if_2009_05_075.pdf
タイマ・コントローラと割り込みコントローラの 使い方	Interface 2009年5月号	13	if_2009_05_081.pdf
シミュレータと実機を使ったGPIO制御事例	Interface 2009年5月号	13	if_2009_05_094.pdf
A-D/D-Aコンバータの使い方	Interface 2009年5月号	11	if_2009_05_107.pdf
オプションCPUカード/ARM9（AT91SAM9EX） の設計	Interface 2009年10月号	10	if_2009_10_145.pdf
消費電力を下げて，ACサーボ・モータ制御を 実現する最新技術	Interface 2010年1月号	10	if_2010_01_103.pdf
Cortex-M1コア搭載の評価ボードに挑戦	Interface 2010年6月号	6	if_2010_06_184.pdf
テスト・ボードを動かす	Interface 2010年7月号	9	if_2010_07_160.pdf
Actel社のFusionでA-Dコンバータを使う	Interface 2010年8月号	11	if_2010_08_145.pdf
Cortex-M1にFreeRTOSを実装する	Interface 2010年9月号	6	if_2010_09_195.pdf
Cortex-M3プロセッサ搭載FPGA"SmartFusion"	Interface 2010年11月号	6	if_2010_11_167.pdf

ARMプロセッサ活用記事全集

ARMマイコン評価キットLPCXpresso LPC1343

(トランジスタ技術 2010年8月号)　4ページ

　NXP Semiconductors社の「LPCXpresso」を取り上げています(**写真1**)．Cortex-M3コアのLPC1343を搭載しています．二つの基板がつながった構造で，一方を汎用マイコン基板，もう一方をデバッガとして使用することができます．

　3色(RGB)LEDを接続して，イルミネーションを作成しています(**写真2**)．ソフトウェアの記述では，CMSIS(Cortex Microcontroller Software Interface Standard)のライブラリを活用しています．

写真2　3色(RGB)LEDを接続

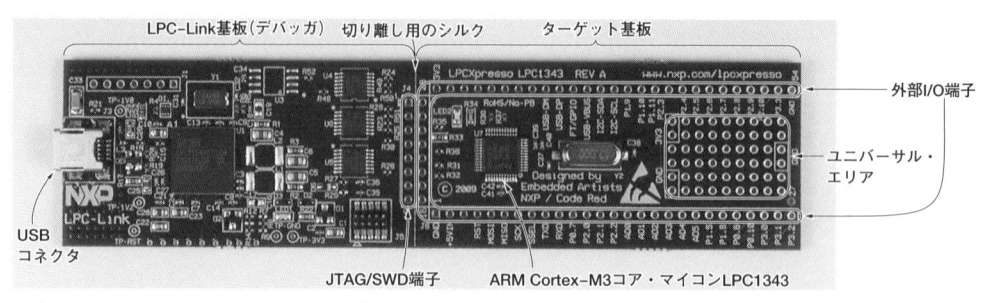

写真1　Cortex-M3コアのLPC1343を搭載するLPCXpresso

超お手軽ARMマイコン開発キットmbed

(トランジスタ技術 2010年9月号)　4ページ

　NXP Semiconductors社の「mbed LPC1768」を取り上げています(**写真3**，**図1**)．Cortex-M3コアのLPC1768を搭載しています．

　mbedは，ARM社の開発環境の総称です．ARMマイコン・ボードやソフトウェア開発ツールなどが含まれます．ソフトウェア開発ツールはWebベースで提供され，ターゲット・マイコンの詳細仕様を意識することなくプログラミングできるように考慮されています．

　記事ではこのような開発環境の特徴のほか，サンプル・プログラムを作成して動作させるまでを説明しています．

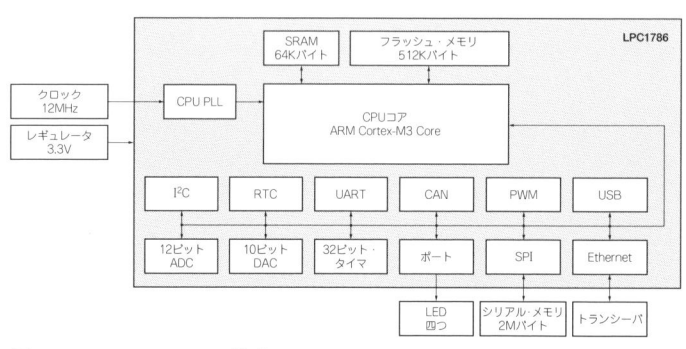

図1　mbed LPC1768の構成

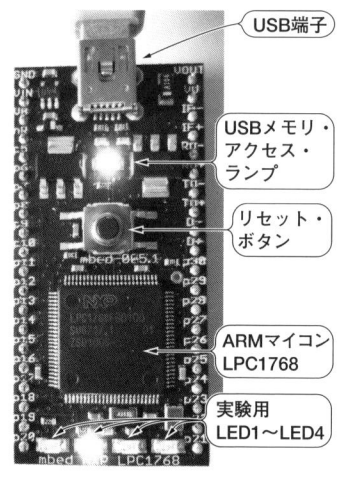

写真3　mbed LPC1768

40

ARMプロセッサ搭載評価ボードのいろいろ

(Interface 2002年11月号)

3ページ

ARMプロセッサを搭載する開発・評価ボードの紹介記事です．シャープの「EnjoyARM LH0E776」（シャープLH79532搭載，ARM7TDMIコア）について詳しく説明しています（写真4）．

ほかに，以下のボードの概要が取り上げられています（写真5）．

- 三洋電機（当時）「BlueRABBITS」
  （三洋電機LC67F5104A搭載，ARM7TDMIコア）
- デザインゲートウェイ「JAMP」
  （Conexant Systems社CX82100搭載，ARM940Tコア）
- アットマークテクノ「Armadillo」
  （Cirrus Logic社CS89712搭載，ARM720Tコア）
- 京都マイクロコンピュータ「KZ-ARM7PCI-01」
  （Cirrus Logic社EP7312-CV搭載，ARM720Tコア）
- CQ出版社「CQ RISC 評価キット/ARM7」
  （松下電器産業MN1A7T0200，ARM7TDMIコア）

写真4 EnjoyARM LH0E776

(a) BlueRABBITS

(b) JAMP

(c) Armadillo

(d) KZ-ARM7PCI-01

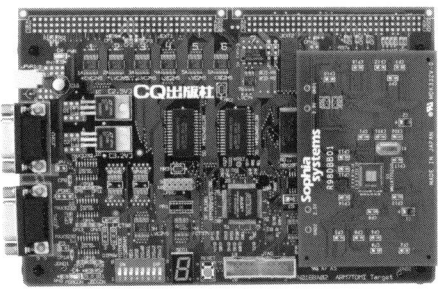

(e) CQ RISC評価キット/ARM7

写真5 ARMプロセッサ搭載開発・評価ボード

特集 ARMプロセッサ・ボードの設計と開発

（Interface 2008年11月号） **全32ページ**

組み込み向けARMプロセッサをテーマにした特集です．ボードの設計事例として以下の記事があります．

- **ADuC7026搭載CPUカード＆拡張ベースボードの設計（10ページ）**

ESP企画の「CQ-AD7026」を取り上げています（写真6）．ARM7TDMIコアのADuC7026（Analog Devices社）を搭載しています．Interfaceに付属していたCPU基板で利用できる拡張ベース・ボードに実装できる仕様になっています．

ADuC7000シリーズの特徴やボードの回路設計について解説しています．

- **STM32F103搭載CPUカードの設計（9ページ）**

ESP企画の「CQ-ST103」を取り上げています（写真7）．Cortex-M3コアのSTM32F103ZE6T（STMicroelectronics社）を搭載しています．Interfaceに付属していたCPU基板で利用できる拡張ベース・ボードに実装できる仕様になっています．

STM32F103ファミリの特徴やボードの回路設計について解説しています．

- **i.MX31L搭載CPUモジュール対応拡張ボードの設計（13ページ）**

アットマークテクノの「Armadillo-500」を取り上げています（写真8）．ARM1136JF-Sコアのi.MX31L（Freescale Semiconductor社；当時）を搭載しています．

Armadillo-500はモジュール形態のボードです．拡張ボードの設計手順についても解説しています．

写真6 CQ-AD7026

写真7 CQ-ST103

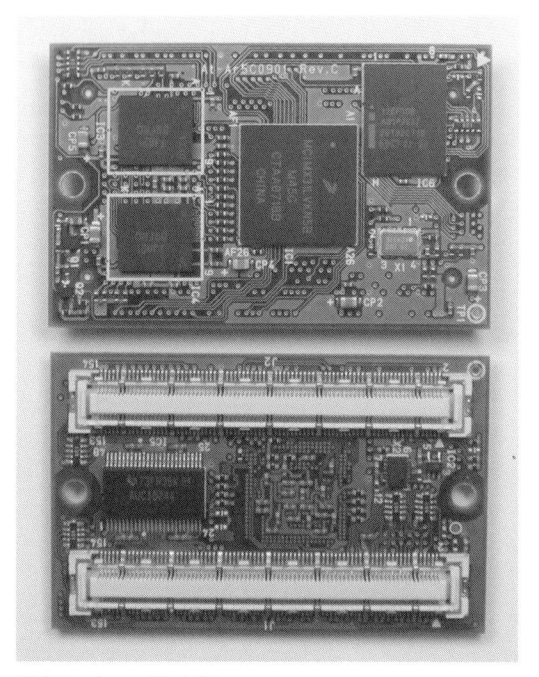

写真8 Armadillo-500

Armadilloの概要と使用方法

(Interface 2002年7月号)

9ページ

　アットマークテクノの産業用Linux対応ボード「Armadillo」を取り上げています(**写真9**)．ARM720TコアのCS89712(Cirrus Logic社)を搭載しています(**図2**)．

　ARMプロセッサでLinuxを動作させる方法や，応用としてルータの構成例を紹介しています．

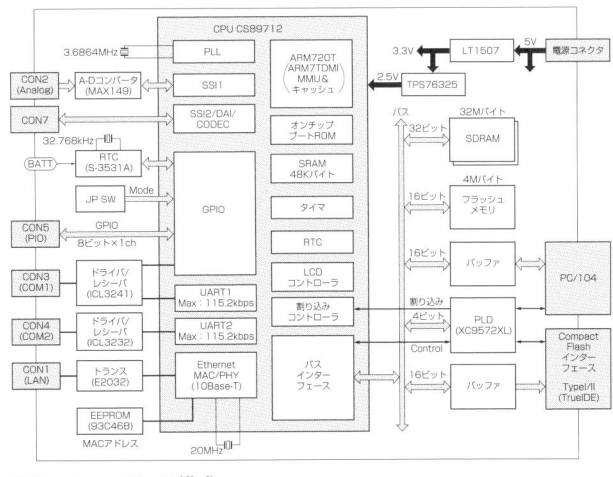

写真9　Armadillo

図2　Armadilloの構成

Linux対応ARM9プロセッサ・ボードの概要と活用方法

(Interface 2005年9月号)

10ページ

　アットマークテクノの産業用Linux対応ボード「Armadillo-9」を取り上げています(**写真10**)．ARM920TコアのEP9315(Cirrus Logic社)を搭載しています(**図3**)．

　ARM720TコアのArmadilloから追加された機能や，Armadillo-9向けのLinuxディストリビューション，ソフトウェアのポーティング方法などを解説しています．

写真10　Armadillo-9

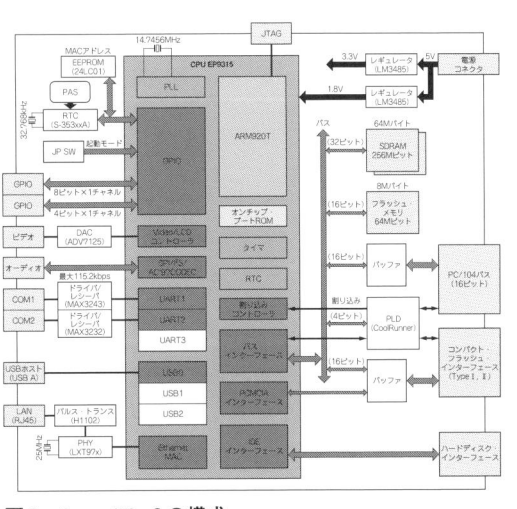

図3　Armadillo-9の構成

ARMプロセッサ活用記事全集

特集 付属ARM Cortex-M3プロセッサ基板を使ったシステム開発チュートリアル

(Design Wave Magazine 2008年5月号)

全54ページ

Design Wave Magazine 2008年5月号に付属していた，Cortex-M3コアのSTM32マイコン(STMicroelectronics社)基板(写真11)に関する特集です．

- ARM Cortex-M3付属基板で始める組み込みマイクロコントローラ入門(5ページ)

STM32マイコン基板の概要を説明しています．基板に搭載されている回路の機能や使い方の例を紹介しています．

- 3軸加速度センサの出力表示と簡単ゲーム「カエルがぴょん」(4ページ)

STM32マイコン基板の取り扱いやできることをイメージするためのチュートリアルです．基板に搭載された加速度センサのデータを読み取り，それを利用したゲーム(図4)を動かしています．

- JavaとFlash Playerの動作確認とインストール方法(2ページ)

「カエルがぴょん」を動かすために使用するJavaとFlash Playerのインストール方法の説明です．

- ARMプロセッサ・シリーズとCortex-M3の概要(7ページ)

広く使われ始めたARM7TDMIコアから，Cortexファミリが登場するまでの歴史的な経緯ともに，ARMプロセッサ・コアの特徴の解説です．STM32マイコン基板に搭載されたSTM32で採用されているCortex-M3については特に詳しく説明しています．

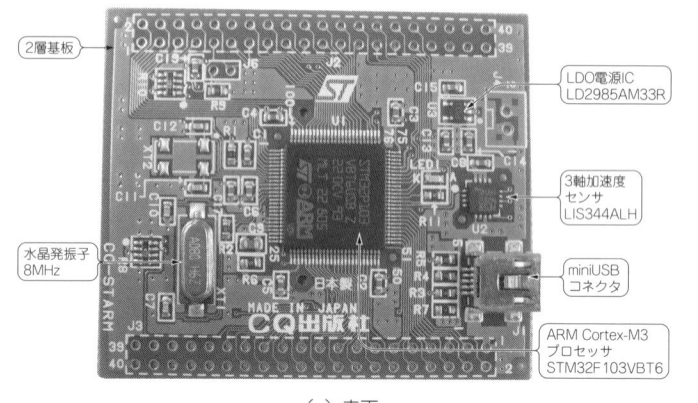

(a) 表面

(b) 裏面(オプションのSDメモリーカード・コネクタをはんだ付け後)

写真11 Design Wave Magazine 2008年5月号に付属したSTM32マイコン基板

(a) 起動画面

(b) 跳躍

図4 加速度センサを活用したゲーム「カエルがぴょん」

- **本誌付属ARM Cortex-M3基板の概要（9ページ）**

　STM32マイコン基板の設計方針と回路設計の解説です．搭載しているSTM32マイコンについても説明しています（図5）．また，STM32マイコン基板と組み合わせて活用できる拡張ベース・ボードを設計しています（写真12）．

- **MEMS加速度センサの選び方，使い方（4ページ）**

　加速度センサの原理と使い方の解説です．STM32マイコン基板に搭載されているLIS344ALH（図6）の仕様を元に説明しています．

- **プログラム開発ツールの準備（6ページ）**

　STM32マイコン向けのソフトウェア開発ツールについての説明です．Keil社（ARM社の一部門）のRealView Microcontroller Development Kitのインストール手順の説明もあります．

- **開発ツールを使ったプログラム開発の初歩（7ページ）**

　サンプル・プログラムのソース・コードを，RealView Microcontroller Development Kitでコンパイル（ビルド）する手順の説明です．

- **追加部品の実装とDFUによるプログラム書き込み手順（10ページ）**

　STM32マイコン基板にオプションの部品を取り付けるためのはんだ付け方法です．表面実装部品を使う必要があるSDカード・スロットと水晶振動子の取り付けについては，写真を使って分かりやすく説明しています（写真13）．

　USBからSTM32マイコン基板にプログラムを書き込む方法や，SDメモリーカードにプログラムを書き込んで使う方法の説明もあります．

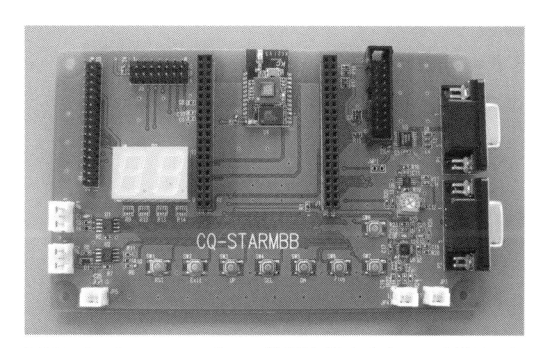

写真12　STM32マイコン基板と組み合わせて活用できる拡張ベース・ボード

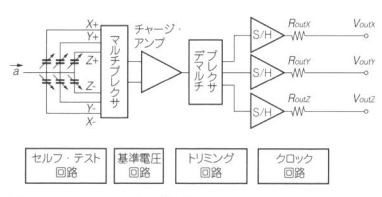

図6　MEMS加速度センサLIS344ALHの内部構成

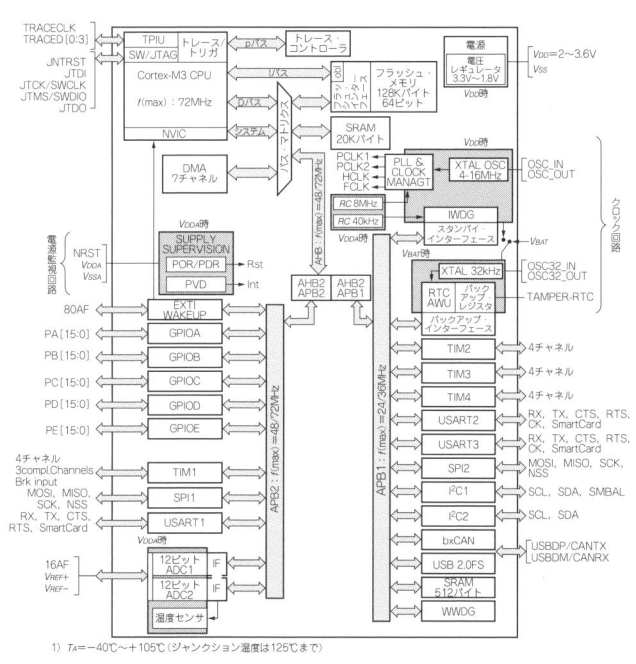

図5　STM32マイコン基板に搭載されているSTM32F103VBの内部構成

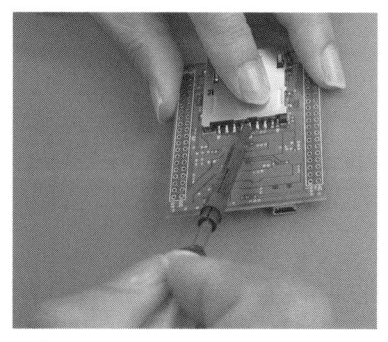

写真13　SDカード・スロットの取り付け

ARMプロセッサ活用記事全集

特集1 ARM基板を使ったシステム開発の基礎

(Design Wave Magazine 2008年6月号)

全59ページ

Design Wave Magazine 2008年5月号に付属していた，Cortex-M3コアのSTM32マイコン（STMicroelectronics社）基板をシステム設計で活用する方法を解説した特集です．

● 「組み込みシステム開発」事始め（2ページ）

マイコンを応用することでできるようになることを紹介しています．また，組み込みシステムを開発するために必要なハードウェアとソフトウェア，開発フローについても説明しています（図7）．

● 5月号付属ARM基板用ベースボードの開発（9ページ）

STM32マイコン基板単体の機能を示した後，STM32マイコンが持つ機能をより活用するための周辺回路の設計方法を解説しています．設計した回路は，1枚の拡張ベース・ボードとしてまとめ，STM32マイコン基板と組み合わせて使用できるようにしています（図8）．

● USB「空中マウス」の製作（9ページ）

STM32マイコン基板に搭載されている加速度センサを活用して，基板を傾けることでカーソルを移動できるマウスを製作しています．STMicroelectronics社が提供するファームウェアや，ソフトウェア開発ツールに付属のサンプル・プログラムを活用しています．

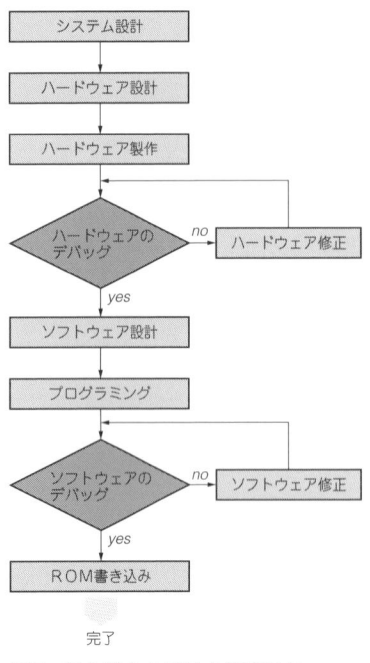

図7 組み込みシステム開発フロー

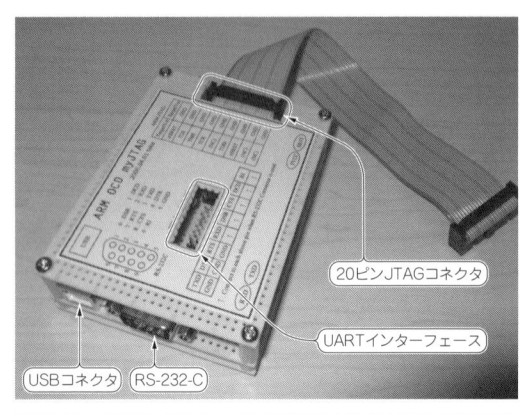

写真14 ARMプロセッサで利用できるUSB接続型汎用JTAGデバッガ

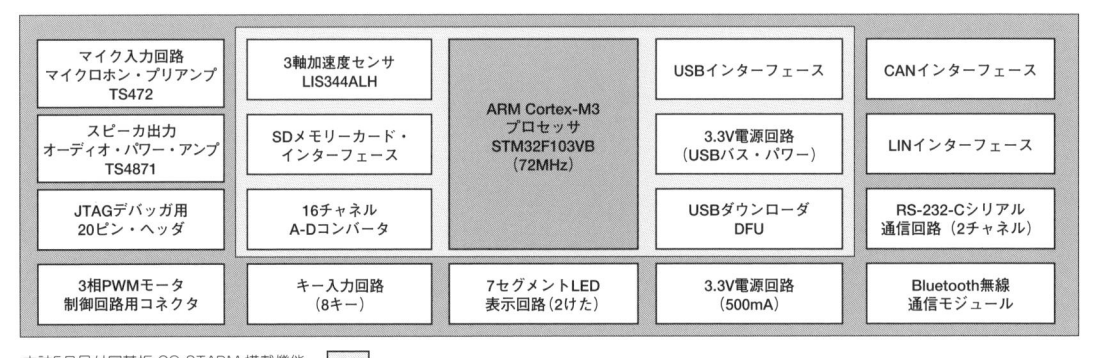

図8 拡張ベース・ボードの構成

- GNUを使ったSTM32の開発ツールの製作（14ページ）

STM32マイコンの開発にオープン・ソースのソフトウェア開発環境を使う方法を解説しています．ソース・コードをコンパイルし，バイナリ・コードをSTM32マイコン基板に書き込み，動作させてデバッグするまでを具体的に説明しています．

- ARMプロセッサで使える汎用JTAGデバッガを自作する（13ページ）

STM32マイコン基板のほか，多くのARMプロセッサで利用できるUSB接続型汎用JTAGデバッガの製作事例です（**写真14**）．市販の部品で組み立てたハードウェアと，無償で提供されているソフトウェア・ツールで実現しています．

- システムLSI設計をするためのARMプロセッサ・コアの選び方（12ページ）

システムLSIを設計する際に理解しておく必要があるARMコア関連の基礎事項を説明しています．ARMプロセッサ・コアを内蔵するシステムLSIの開発フロー（**図9**）のほか，ARMプロセッサで動作させるソフトウェア（ファームウェア）の評価や検証のために市販の開発ボードを活用する方法や，シミュレータを活用する方法などを取り上げています（**図10**）．

また，ARMプロセッサ・コアを含むシステムLSIの開発について，RTL設計以降の工程，特に検証について詳しく説明しています．

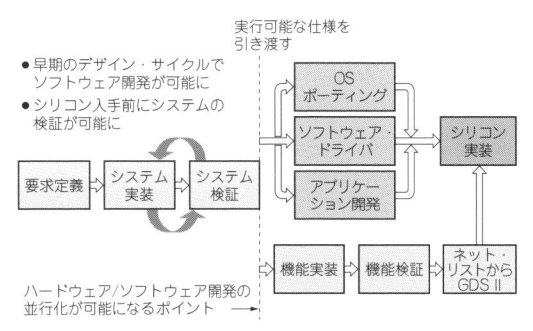

図9 ARMプロセッサ・コアを内蔵するシステムLSIの開発フロー

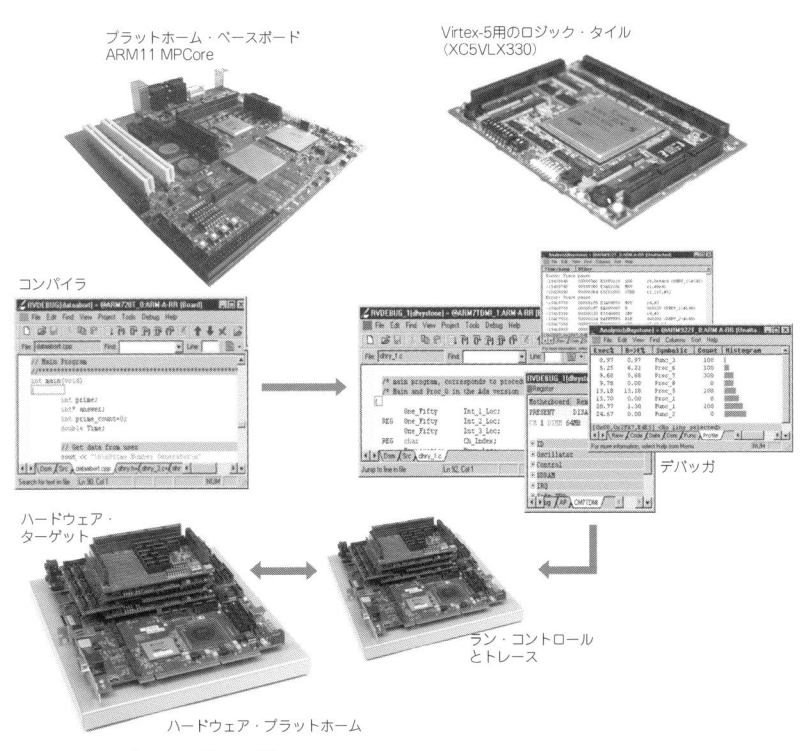

図10 開発ボードと開発環境

ARMプロセッサ活用記事全集

特集 付属ARM基板を使ったシステム開発チュートリアル

(Design Wave Magazine 2006年3月号)

全80ページ

　Design Wave Magazine 2006年3月号に付属していた，ARM7DTMIコアのADuC7026マイコン（Analog Devices社）基板（**写真15**）に関する特集です．

● システム設計とマイクロプロセッサ（3ページ）

　特集の導入として，マイクロプロセッサの応用の歴史を振り返っています．システムLSI/SoCで，ARMコアのようなプロセッサ・コアが活用されていることにも触れています．

● 本誌付属ARM基板の概要（5ページ）

　ADuC7026マイコン基板の仕様や回路の詳細について解説しています．基板上に実装済みの部品や，オプションと搭載可能な部品について説明しています．

● ADuC7000シリーズの概要（9ページ）

　ADuC7026マイコン（ADuC7000シリーズ）についての解説です．ADuC7000シリーズは，高精度のA-D/D-AコンバータにARM7TDMIを組み合わせることをコンセプトとして開発されたマイコンです．小規模ながら，プログラマブルな論理ブロックも持ちます．

● ADuC7026開発ツールの使いかた（22ページ）

　ソフトウェアの統合開発環境「KEIL Development Suite for ARM」（**図11**）と「IAR Embedded Workbench Kickstart for ARM」（**図12**），プログラマブルな論理ブロックの設計で使用する専用ツール「PLA Tool」（**図13**）について，インストールやソフトウェアの開発手順を具体的に説明しています．

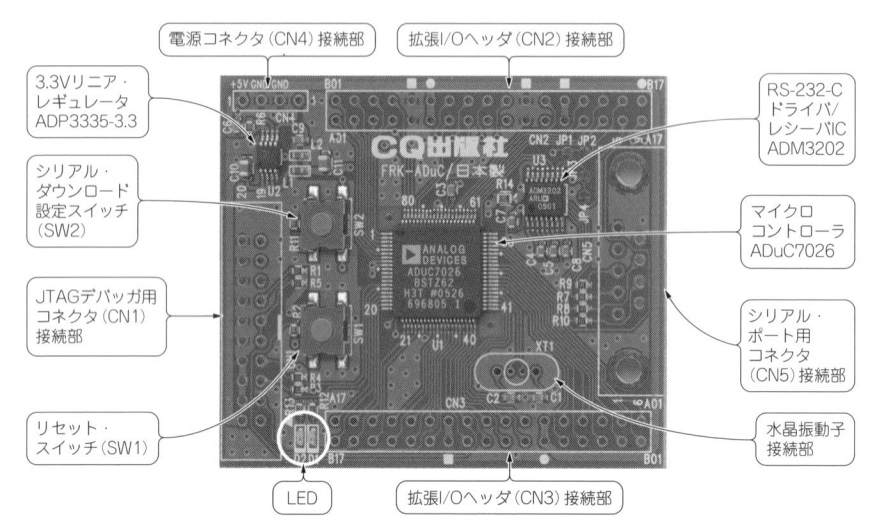

写真15　Design Wave Magazine 2006年3月号に付属したADuC7026マイコン基板

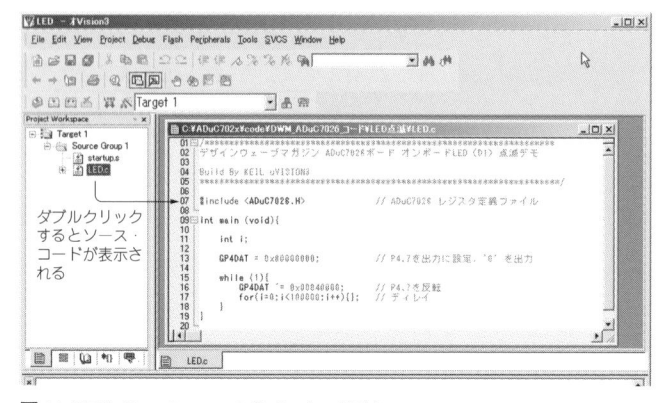

図11 KEIL Development Suite for ARM

● PLA設計をマスタする(4ページ)

ADuC7000シリーズが持つプログラマブルな論理ブロックPLAの使い方の説明です．

● GNUツールを使ったADuC7026開発(8ページ)

統合開発ツールではなく，GCCを使ってソフトウェア開発を行う方法の解説です．デバッグにはInsightを使用しています．

● 組み込みCプログラミングの第一歩(8ページ)

組み込みCプログラミングの解説です．ADuC7026マイコン基板で動作するプログラムの記述の仕方について説明しています．

● RAMでプログラムを動かす(3ページ)

システム性能の向上のために，アクセス時間が長いROM(フラッシュ・メモリ)ではなく，アクセス時間が短いRAMでプログラムを実行させる方法を説明しています．

● PID制御の実験(7ページ)

ADuC7026マイコンの高精度A-D/D-Aコンバータを活用して，部屋などの温度の自動制御を行う方法の解説です(図14)．温度センサからの入力をA-Dコンバータで受けて，D-Aコンバータ出力で冷却ファンを回す回路が示されています．制御方式のPID制御についての説明もあります．

● アナログ・データ・キャプチャの製作(11ページ)

USBを介してパソコンと接続できる簡易計測器の製作事例です(図15)．A-Dコンバータを使って，計測したい信号を取り込みます．

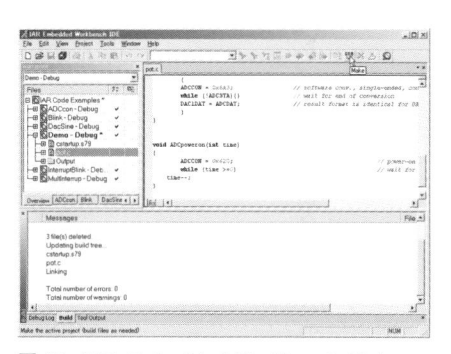

図12 IAR Embedded Workbench Kickstart for ARM

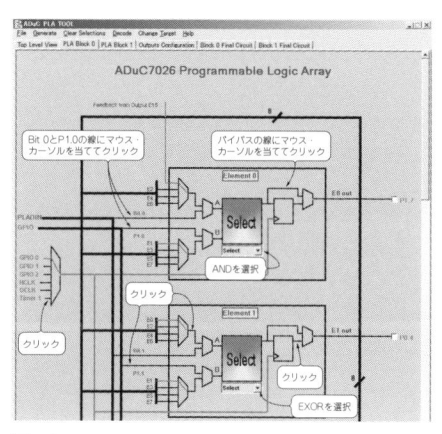

図13 PLA Tool

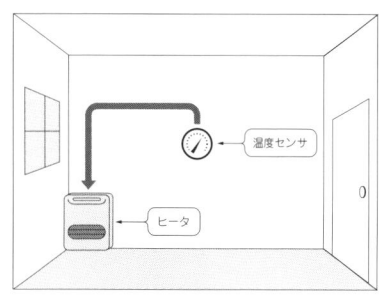

図14 温度の自動制御

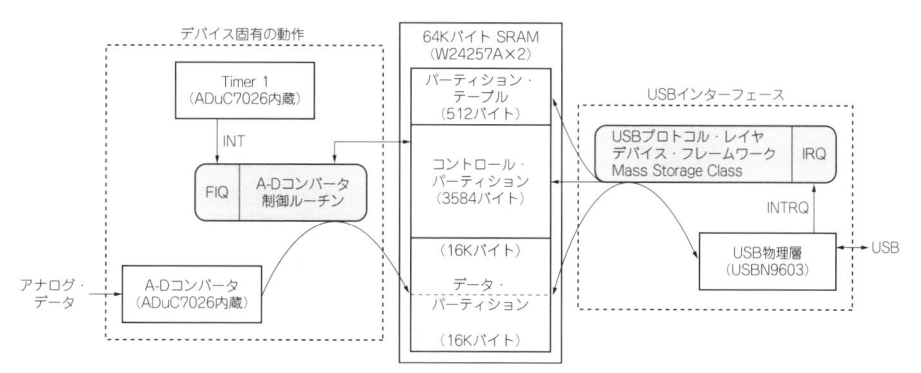

図15 アナログ・データ・キャプチャの構成

特集 付属ARM基板で学ぶ実践マイコン活用入門

(Interface 2009年5月号)

全82ページ

Interface 2009年5月号に付属していた，ARM7DTMIコアのLPC2388マイコン(NXP Semiconductors社)基板(**写真16**)に関する特集です．

- 付属ARMマイコン基板で何ができる？
  (2ページ)

特集の導入として，LPC2388マイコン基板の特徴と，特集で説明する内容を整理しています．

- 付属ARMマイコン基板の使い方(12ページ)

LPC2388マイコン基板の仕様を説明しています(**図16**)．回路の詳細やオプション部品の取り付け方法などがあります．

- ARMアーキテクチャの基礎を知る(11ページ)

LPC2388マイコンのコアであるARM7TDMIについて詳しく解説しています．パイプラインの構成やALUのデータ・パス構成などのハードウェア面，メモリ・マップやレジスタ構成などのソフトウェア面，命令セットの概要などがあります．

- ARMマイコンLPCシリーズとLPC2388の概要
  (8ページ)

LPCシリーズの全体におけるLPC2388の位置づけと，LPC2388が持つ機能の解説です．

- 内蔵フラッシュROM書き換えツールFlash Magicの使い方(3ページ)

LPCシリーズの内蔵フラッシュ・メモリの内容を書き換えるためのツールFlashMagicの使い方の説明です．

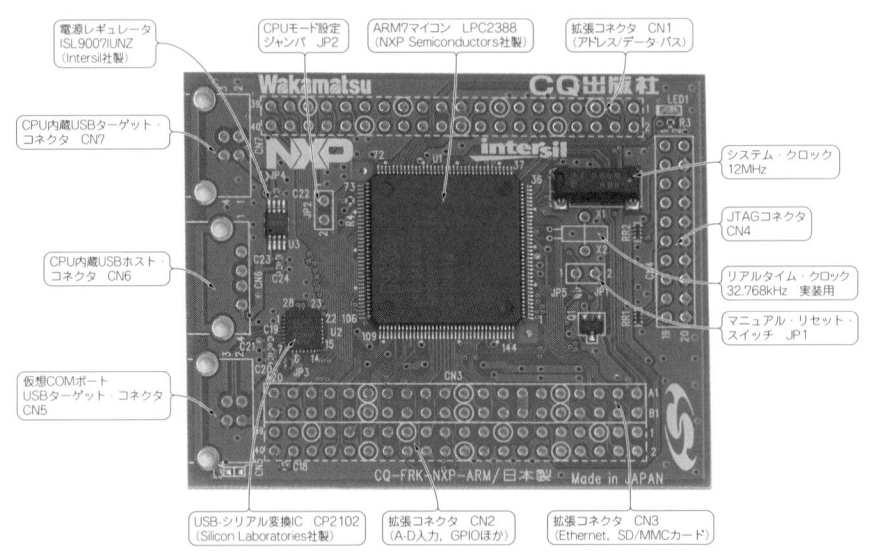

写真16 Interface 2009年5月号付属LPC2388マイコン基板

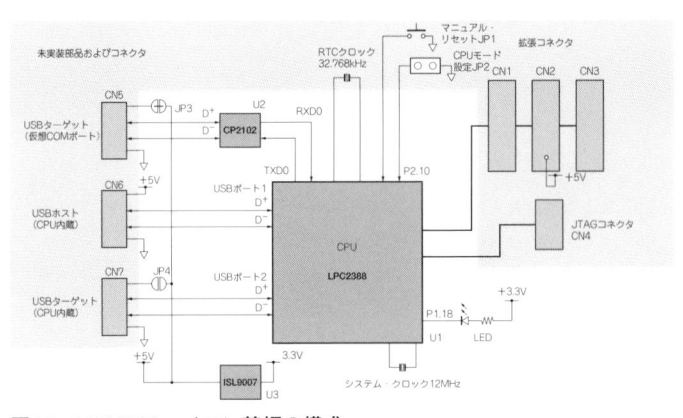

図16 LPC2388マイコン基板の構成

●ペン・タイプ形状ロジック・チェッカHL-49
（3ページ）

マイコンの端子の状態を確認する際に便利なロジック・チェッカの紹介です．

●初めてのLPC2388汎用I/Oプログラミング
（6ページ）

複数の信号が割り当てられているピンの機能の設定方法と汎用入出力ポート（GPIO）の基本的な使い方の解説です．LEDの点滅制御を例にしています．

LPC2388を動作させるために必要なクロックや電源などの内部初期化方法も説明しています．

●タイマ・コントローラと割り込みコントローラの使い方（13ページ）

割り込みの基礎について解説した後，時間管理を行う際に役立つタイマ割り込みの使い方を説明しています．他の処理を行いながら決まった時間でLEDを点滅する方法を例にしています．

●シミュレータと実機を使ったGPIO制御事例
（13ページ）

LPC2388マイコン基板の周辺回路として活用できる拡張ベース・ボードを設計しています（写真17）．拡張ベース・ボードをGPIOの割り込み制御プログラムを動作させています．

実機で動作させたプログラムを，シミュレータでも動作させています（図17）．

●A-D/D-Aコンバータの使い方（11ページ）

A-D/D-Aコンバータの動作を説明しています．また，LPC2388マイコンに内蔵されているD-Aコンバータを使って音を鳴らしたり，A-Dコンバータを使って電圧を計測したりしています．可変抵抗器と温度センサで電子楽器を製作しています（図18）．

A-D/D-Aコンバータのアナログ入出力部の回路設計についてのコラム記事もあります．

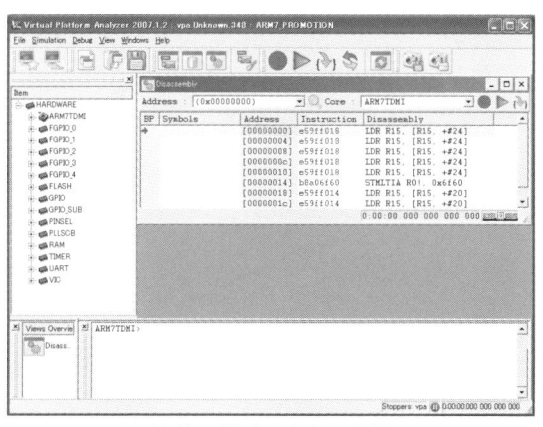

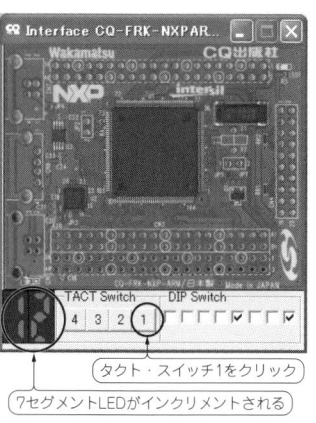

(a) Virtual Platform Analyzerの画面　　(b) 7セグメントLEDに割り込み回数が表示

図17　シミュレータを使って割り込みプログラムの動作を確認

写真17　LPC2388マイコン基板と拡張ベース・ボード

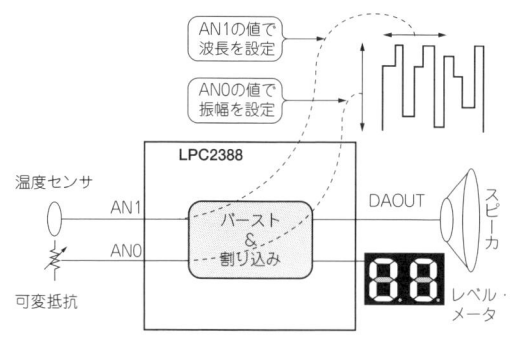

図18　可変抵抗器と温度センサによる電子楽器の構成

ARMプロセッサ活用記事全集

連載 ARMコア搭載ミックスト・シグナル構成も可能な FPGA活用のすすめ

（Interface 2010年6月号〜11月号）

全38ページ

Cortex-M1コアを実装可能なActel社（当時）FPGAを使った開発・評価用ボードの設計事例です．最後に，Cortex-M3コアをハード・マクロで搭載するFPGAも取り上げています．

● Cortex-M1コア搭載の評価ボードに挑戦
（2010年6月号，6ページ）

Actel社のFPGAやCortex-M1コアの説明をした後，シンプルなFPGAボードを設計しています（写真18）．設計したボードの動作を確認するシナリオを作成し，最初のステップとしてLED点滅による動作確認を行っています（図19）．

● テスト・ボードを動かす
（2010年7月号，9ページ）

Cortex-M1コア搭載の評価ボード用のI/Oを拡張するボードを設計しています（写真19，図20）．タイマ割り込みを使ったストップウォッチのプログラムを動作させています．また，システム・バスにオリジナルの回路を接続して動作させます．

● Actel社のFusionでA-Dコンバータを使う
（2010年8月号，11ページ）

アナログ機能ブロックを持つミックスト・シグナルFPGAのFusionを取り上げています（図21）．シンプルなFPGAボードと組み合わせて使

写真18 ProADIC3搭載のシンプルなFPGAボード

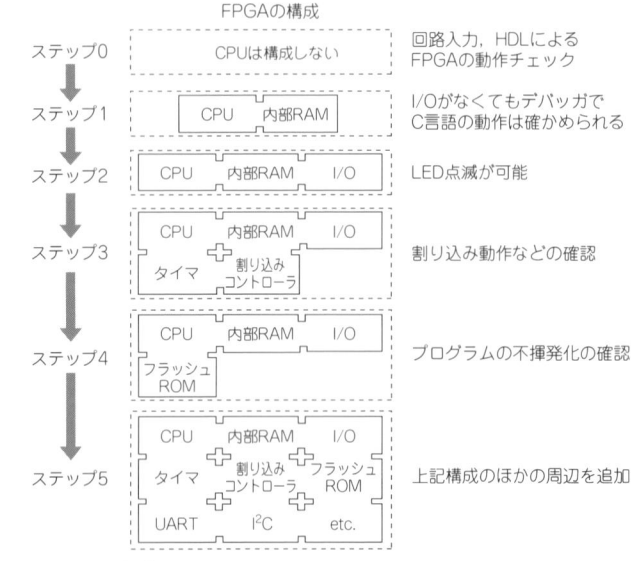

図19 動作確認のシナリオ

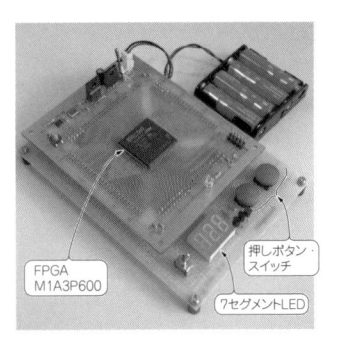

写真19 I/Oを拡張するボード

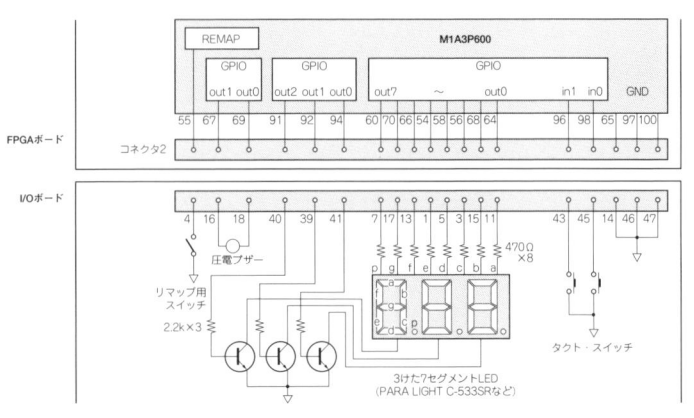

図20 I/Oを拡張するボードの構成

用できるアナログ入出力のための拡張ボードを設計しています(写真20, 図22).

● Cortex-M1にFreeRTOSを実装する
 (2010年9月号, 6ページ)

オープン・ソースのリアルタイムOS FreeRTOSを, Cortex-M1コア向けに移植する方法の解説です. OS ExtentionがサポートされていないCortex-M1で動作させるための工夫を説明しています.

● Cortex-M3プロセッサ搭載FPGA
 "SmartFusion"(2010年11月号, 6ページ)

Cortex-M3とアナログ機能ブロックを持つミックスト・シグナルFPGAのSmartFusionを紹介しています(図23).

図21 Fusionの内部構成

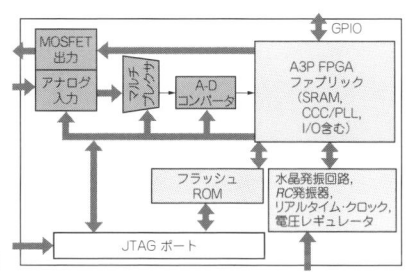

写真20 Fusion搭載のシンプルなFPGA評価ボードとI/Oボード

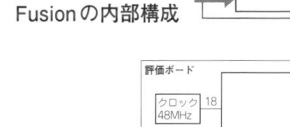

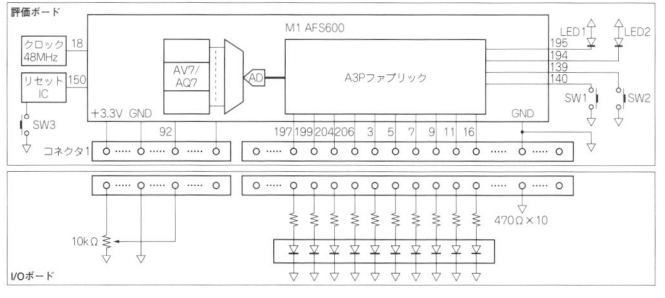

図22 Fusion評価ボードとI/Oボードの構成

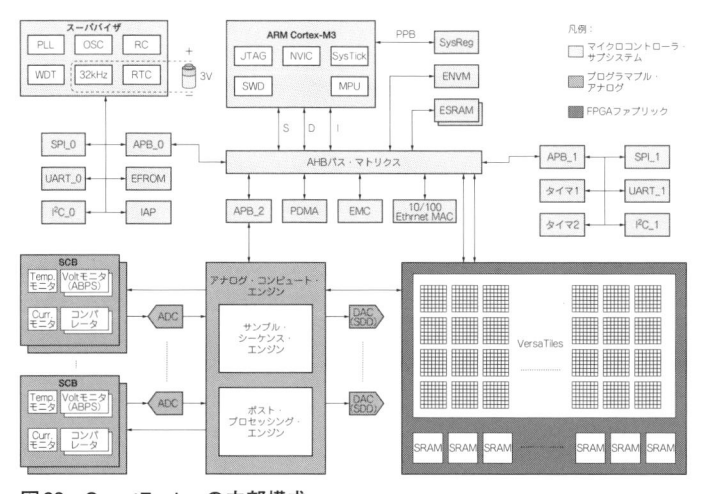

図23 SmartFusionの内部構成

ARMプロセッサ活用記事全集

オプションCPUカード/ARM9(AT91SAM9EX)の設計

(Interface 2009年10月号) 10ページ

　連載「組み込みシステム開発評価キット活用通信」の第20回です．ARM926ES-JコアのAT91SAM9XE256(Atmel社)を搭載するCPUカードを取り上げています(写真21)．CQ出版社が発売していた「組み込みシステム開発評価キット」と組み合わせて使用できます．CPUカードの回路構成(図24)や初期化プログラムのほか，CPUのローカル・バスとキットとを接続するためのバス・コントローラをFPGAで設計する方法などを解説しています．

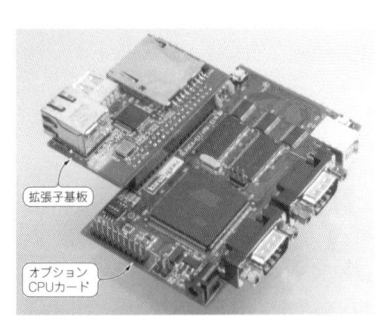

写真21　AT91SAM9XE256搭載CPUカードを実装した組み込みシステム開発評価キット

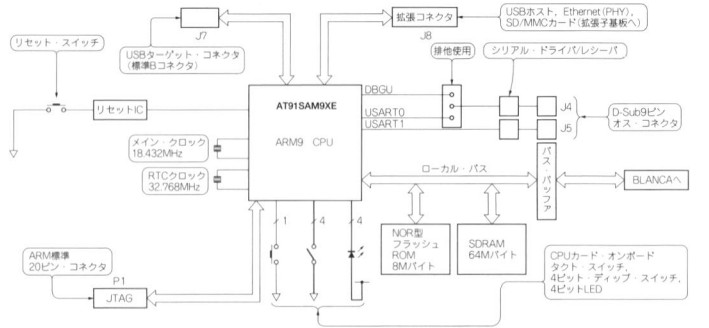

図24　AT91SAM9XE256搭載CPUカードの回路構成

ARM新系列コアCortex-M3と付属基板設計コンセプト

(Design Wave Magazine 2008年4月号) 4ページ

　Design Wave Magazine 2008年5月号に付属していた，Cortex-M3コアのSTM32マイコン基板の予告記事です．ARMプロセッサ・コアの種類やSTM32マイコン基板の概要を紹介しています(図25)．

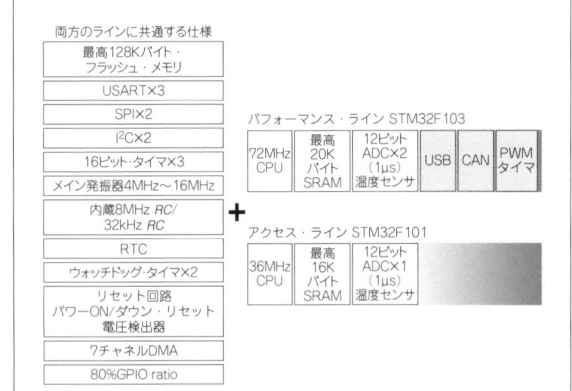

図25　STM32F10xの機能

ARMベース組み込みマイコンを使ってみよう！

(Interface 2006年5月号) 17ページ

　Design Wave Magazine 2006年3月号に付属していた，ADuC7026マイコン基板を活用して組み込みプログラミングの課題を解くストーリの記事です．課題は，タイマ割り込みを利用したLEDの点滅制御です．スイッチ入力を使って点滅周期を変更できるようにします(図26)．

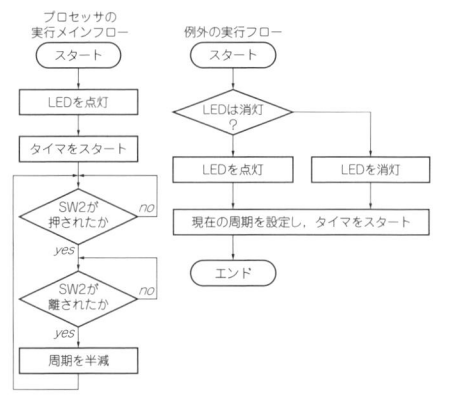

図26　課題のフローチャート

Sun SPOTでセンサ・ネットワークことはじめ

(Interface 2008年10月号)　16ページ

無線センサ・ネットワーク・デバイスSun SPOTの紹介記事です．さまざまなガジェットが用意されており，プロトタイプの作成に便利な仕組みです（**写真22**）．

プロセッサ・ボードには，ARM920Tプロセッサ・コアのAT91RM9200（Atmel社）が使われています（**写真23**）．アプリケーション開発ではJavaを利用します．

写真22　さまざまなSun SPOTガジェット

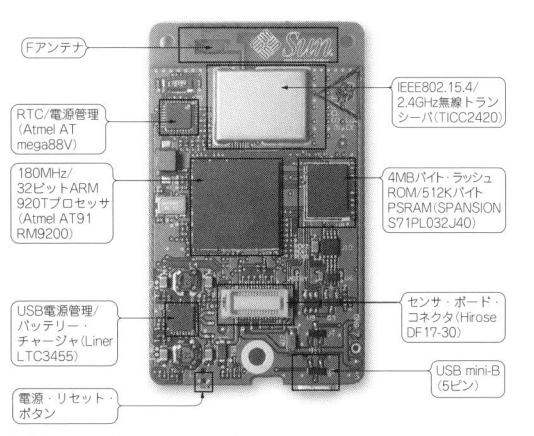

写真23　プロセッサ・ボード

ARM9搭載映像記録システムのクロック，リセット，電源設計

(Design Wave Magazine 2008年8月号)　10ページ

ARM926EJ-Sコアのi.MX27（Freescale Semiconductor社，当時）を使った映像記録システムを例に，ボード設計技術を解説しています．多くのクロック系統を持つ回路や，多くの電圧を必要とする電源回路，2系統あるリセット回路の設計について詳しく説明しています（**図27**）．

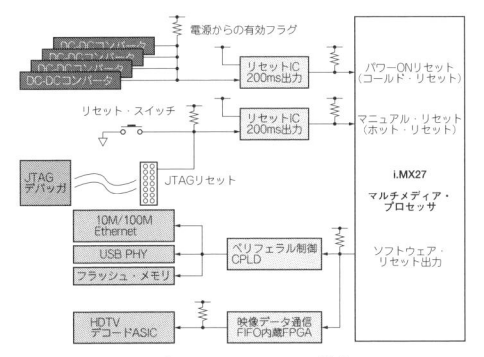

図27　i.MX27ボードのリセット機能

マルチメディアカードインターフェースの実装事例

(Interface 2002年4月号)　9ページ

ARM7TDMIコアのMN1A7T0200（松下電器産業，当時）を搭載する「CQ RISC評価キット／ARM7」にMultiMediaCard（MMC）を実装する方法を解説しています（**写真24**）．

MMCとSDカード（SPIモード）についての説明もあります．

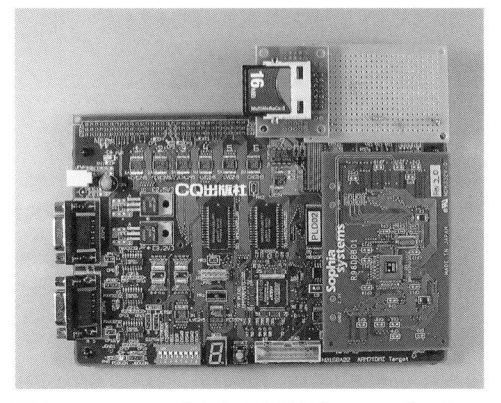

写真24　MMCコネクタを実装したARM7ボード

ARMプロセッサ活用記事全集

第5章 ソフトウェア開発

C言語によるプログラミングの基礎からミドルウェアまで
編集部

　ここでは，ARMプロセッサ向けのソフトウェア開発に関する記事を集めています．また，ソフトウェア開発ツールやデバッグに関する記事も含みます．

　ソフトウェア関連でも，OSの移植やOSの活用に関する記事は第6章で，特定のマイコン/SoCなどが持つペリフェラル（周辺機能）を活用するためのソフトウェアについては第3章で，アプリケーション設計事例については第7章で取り上げています．

　本書付属CD-ROMにPDFで収録したソフトウェア開発に関する記事の一覧を表1に示します．

表1 ソフトウェア開発に関する記事の一覧（複数に分類される記事は，他の章で概要を紹介している場合がある）

記事タイトル	掲載号	ページ数	PDFファイル名
マルチコア・プロセッサのファームウェア開発	Design Wave Magazine 2003年12月号	8	dw2003_12_073.pdf
ADuC7026開発ツールの使いかた	Design Wave Magazine 2006年3月号	22	dw2006_03_057.pdf
GNUツールを使ったADuC7026開発	Design Wave Magazine 2006年3月号	8	dw2006_03_083.pdf
組み込みCプログラミングの第一歩	Design Wave Magazine 2006年3月号	8	dw2006_03_091.pdf
JavaとFlash Playerの動作確認とインストール方法	Design Wave Magazine 2008年5月号	2	dw2008_05_061.pdf
プログラム開発ツールの準備	Design Wave Magazine 2008年5月号	6	dw2008_05_101.pdf
開発ツールを使ったプログラム開発の初歩	Design Wave Magazine 2008年5月号	7	dw2008_05_107.pdf
追加部品の実装とDFUによるプログラム書き込み手順	Design Wave Magazine 2008年5月号	10	dw2008_05_114.pdf
GNUを使ったSTM32の開発ツールの製作	Design Wave Magazine 2008年6月号	14	dw2008_06_062.pdf
ARMプロセッサで使える汎用JTAGデバッガを自作する	Design Wave Magazine 2008年6月号	13	dw2008_06_076.pdf
5月号付属ARM基板を使いこなすためのポイント	Design Wave Magazine 2008年7月号	7	dw2008_07_093.pdf
複数のセンサからのアナログ信号を効率良く内蔵RAMに取り込む	Design Wave Magazine 2008年7月号	7	dw2008_07_130.pdf
FPGAでARM Cortex-M1プロセッサを使う《ソフトウェア編》	Design Wave Magazine 2008年12月号	10	dw2008_12_043.pdf
タイマを使った割り込みプログラミング	Interface 2001年12月号	7	if_2001_12_150.pdf
ARM7TDMI MN1A7T0200について	Interface 2002年3月号	3	if_2002_03_054.pdf
実践！組み込みCプログラミング	Interface 2002年3月号	12	if_2002_03_057.pdf
CQ RISC評価キット/ARM7について	Interface 2002年3月号	6	if_2002_03_069.pdf
デバッグの方法とROM化プログラミング	Interface 2002年3月号	7	if_2002_03_075.pdf
ARM純正コンパイラの使い方	Interface 2002年3月号	3	if_2002_03_082.pdf
Bluetoothプロトコルスタックの開発と検証	Interface 2003年2月号	11	if_2003_02_048.pdf
XScaleプロセッサのプログラミング	Interface 2003年7月号	8	if_2003_07_128.pdf
USBターゲットプログラミング事例	Interface 2003年9月号	8	if_2003_09_168.pdf
PCカード/CompactFlashソケットの実装	Interface 2003年12月号	10	if_2003_12_138.pdf
CPUローカルバスの制御方法とPCIバスブリッジの実装	Interface 2004年2月号	9	if_2004_02_146.pdf
統合開発環境を用いた組み込み開発の事例	Interface 2004年5月号	11	if_2004_05_076.pdf
GNUツールによるクロス開発環境を構築しよう	Interface 2005年1月号	6	if_2005_01_054.pdf

記事タイトル	掲載号	ページ数	PDFファイル名
ターゲットCPU向けコンパイルと実行をしてみよう	Interface 2005年1月号	7	if_2005_01_060.pdf
C言語標準ライブラリ(newlib)を使ってみよう	Interface 2005年1月号	6	if_2005_01_067.pdf
ARM/Thumb混在プログラムの作成とARM性能評価	Interface 2005年1月号	5	if_2005_01_073.pdf
GDB + Insightによる実機デバッグ環境を構築しよう	Interface 2005年1月号	13	if_2005_01_078.pdf
プログラムのROM化手法の実際	Interface 2005年1月号	5	if_2005_01_096.pdf
ブート・プログラムeCos RedBootの使い方と活用事例	Interface 2005年1月号	9	if_2005_01_101.pdf
安価なARM7 CPUボードでJTAGツールを使おう(前編)	Interface 2005年11月号	9	if_2005_11_140.pdf
ARM付録基板用GDBスタブの作成	Interface 2006年5月号	10	if_2006_05_100.pdf
ARM対応クロス開発環境の構築とその使い方	Interface 2007年12月号	17	if_2007_12_109.pdf
各社CPU内蔵フラッシュROM書き換えツールの使い方	Interface 2008年11月号	14	if_2008_11_080.pdf
Thumb-2対応GCCクロス開発環境の構築	Interface 2008年11月号	11	if_2008_11_094.pdf
MMUのメモリ保護機能を使ったプログラミング	Interface 2008年11月号	17	if_2008_11_105.pdf
プログラムはなぜ動く？	Interface 2009年4月号	9	if_2009_04_044.pdf
C言語プログラムを開発する手順を理解しよう	Interface 2009年4月号	12	if_2009_04_053.pdf
開発環境を使ってC言語プログラムをコンパイルしてみよう	Interface 2009年4月号	11	if_2009_04_065.pdf
シミュレータを使ってプログラムを走らせてみよう	Interface 2009年4月号	8	if_2009_04_078.pdf
ARM7シミュレータの入手とインストール	Interface 2009年4月号	4	if_2009_04_086.pdf
絶対必要！C言語の基礎の基礎	Interface 2009年4月号	12	if_2009_04_090.pdf
関数呼び出しとスタックの関係を知ろう	Interface 2009年4月号	8	if_2009_04_112.pdf
内蔵フラッシュROM書き換えツールFlashMagicの使い方	Interface 2009年5月号	3	if_2009_05_069.pdf
初めてのLPC2388汎用I/Oプログラミング	Interface 2009年5月号	6	if_2009_05_075.pdf
タイマ・コントローラと割り込みコントローラの使い方	Interface 2009年5月号	13	if_2009_05_081.pdf
FATファイル・システムの構築と有機ELディスプレイの接続	Interface 2009年6月号	12	if_2009_06_059.pdf
ネットワーク・テスト用サンプル・プログラムの使い方	Interface 2009年6月号	3	if_2009_06_094.pdf
ハードウェア/ソフトウェア協調設計が容易なElectronic System Level設計について	Interface 2009年6月号	6	if_2009_06_108.pdf
ARMマイコン基板を使ったネットワーク・テスト・プログラムの作成	Interface 2009年7月号	13	if_2009_07_101.pdf
付属ARMマイコン基板対応GCCクロス開発環境の使い方	Interface 2009年8月号	11	if_2009_08_119.pdf
ARM用クロス開発環境のセットアップ手順	Interface 2009年10月号	2	if_2009_10_057.pdf
ARM9用シミュレータVirtual Platformのインストール	Interface 2009年10月号	1	if_2009_10_067.pdf
簡単で基本的なデバイス・ドライバを書いてみよう！	Interface 2009年10月号	10	if_2009_10_068.pdf
GPIOサンプル・プログラムの動作	Interface 2009年10月号	2	if_2009_10_078.pdf
Atmel社対応AT91シリーズ対応内蔵フラッシュROM書き換えツールの使い方	Interface 2009年10月号	2	if_2009_10_093.pdf
CPU外部バスの活用とシリアル・ダウンローダの作成	Interface 2009年11月号	7	if_2009_11_154.pdf
.NET Micro Frameworkによるネットワーク端末の製作	Interface 2009年12月号	15	if_2009_12_089.pdf
Cortex-M3搭載マイコンによるフリーTCP/IPプロトコル・スタックIwIPの評価	Interface 2009年12月号	13	if_2009_12_130.pdf
ソフトウェア資産の再利用と移植性の高いプログラミング方法	Interface 2010年1月号	8	if_2010_01_072.pdf
割り込みコントローラを理解すれば，割り込みはもっと楽しい	Interface 2010年1月号	17	if_2010_01_119.pdf
マスストレージ・クラスを応用したセカンダリ・ブート・ローダの移植	Interface 2010年3月号	9	if_2010_03_088.pdf
付属DVD-ROMの使い方	Interface 2010年5月号	2	if_2010_05_054.pdf
フリー開発環境のインストールと設定	Interface 2010年5月号	8	if_2010_05_056.pdf
デバッガGDBの組み込み特有のテクニック	Interface 2010年5月号	7	if_2010_05_072.pdf
LED点滅でμITRONアプリケーション作成を実践する	Interface 2010年5月号	5	if_2010_05_113.pdf
EclipseによるTOPPERS/JSPのアプリケーション開発	Interface 2010年5月号	3	if_2010_05_119.pdf
マルチJTAGアダプタの製作とARMマイコンのデバッグ	Interface 2010年8月号	7	if_2010_08_137.pdf

特集 組み込み向けCプログラミングの基礎

(Interface 2002年3月号)

全31ページ

　組み込み機器のソフトウェア開発はWindowsアプリケーションと異なるという視点で解説した特集です．「CQ RISC評価キット/ARM7」で動作するプログラムを記述してからROM化するまでを具体的に説明しています．

● ARM7TDMI MN1A7T0200について
　（3ページ）

　この特集でターゲットになるARM7TDMIコアのマイコンMN1A7T0200（松下電器産業，当時）についての説明です．

● 実践！組み込みCプログラミング
　（12ページ）

　開発環境を構築した後，実際にC言語でプログラミンを行います（図1）．スタートアップ・ルーチンで行うスタックの設定やデータの初期化などについて詳細に解説しています（図2）．最終的に，7セグメントLED点灯制御プログラムを作成しています．

　コンパイラの最適化などの説明もあります．

● CQ RISC評価キット/ARM7について
　（6ページ）

　この特集でターゲットになるボードの説明です．ソフトウェアを記述する上で必要になるボードの仕様が整理されています．

● デバッグの方法とROM化プログラミング
　（7ページ）

　作成したプログラムをボードにダウンロードしてデバッグし，ROM化するまでの解説です．デバッガの使い方について説明しています（図3）．

　プログラムの最適化として，プログラム記述上のテクニックについての説明もあります（図4）．

● ARM純正コンパイラの使い方
　（3ページ）

　この特集では，GCCをはじめとするGNUツール群を使っていました．ここでは，ARM社のARM Developers Suiteを使って開発する方法を説明しています．

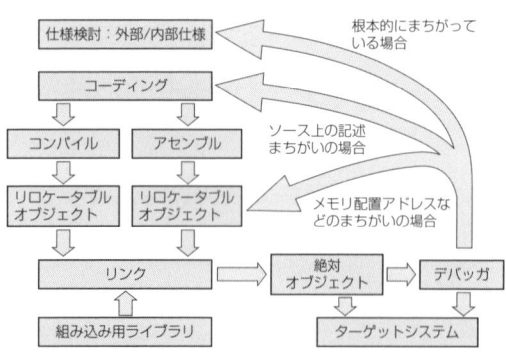

図1　ソフトウェアの開発フロー

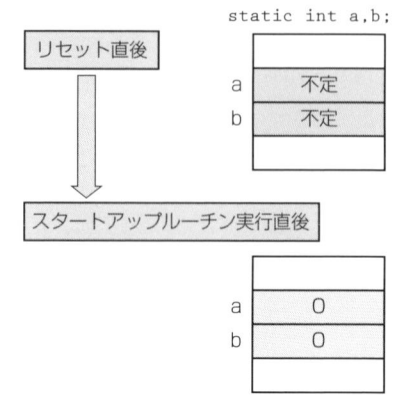

図2　データの初期化

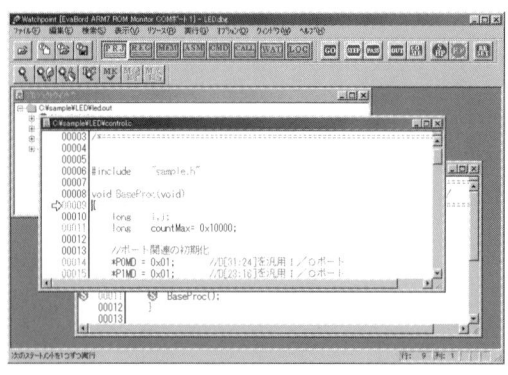

図3　デバッガによるステップ実行

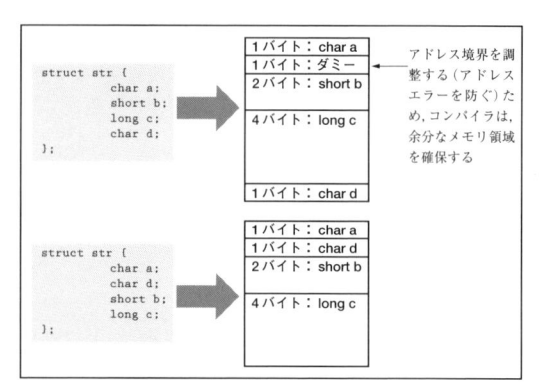

図4　プログラム記述のテクニックの例

特集 組み込みＣプログラミングを基本から攻略する！

（Interface 2009年4月号）

全64ページ

　Ｃ言語による組み込みプログラミングの入門特集です．Interface 2009年5月号に付属したARM7TDMI-SコアのLPC2388マイコン基板で動作させることを想定しています．ただしこの特集では，記述したプログラムは，シミュレータを使ってパソコンで動作させるスタイルを採っています．

● プログラムはなぜ動く？（9ページ）

　プログラムをイメージすることを目的とした記事です．CPUの基本的な仕組みや，プログラムが動作するまでの動き，外部との入出力を実現する仕組みなどを説明しています（図5）．

● Ｃ言語プログラムを開発する手順を理解しよう（12ページ）

　機械語のプログラムとＣ言語のプログラムを示し，それぞれで行われる処理を詳しく解説しています．また，Ｃ言語で記述したプログラムが機械語に変換される仕組みや，プログラムの記述において関数／ライブラリの活用する意味などについて説明しています．

● 開発環境を使ってＣ言語プログラムをコンパイルしてみよう（11ページ）

　実際の基板で動作するプログラムを作成する手順の解説です．Ｃ言語でプログラムを記述してから基板で動作させることのできる機械語の実行可能ファイルを生成するまでの一連の流れを説明しています．統合開発環境のIAR Embedded Workbenchを使っています．

● シミュレータを使ってプログラムを走らせてみよう（8ページ）

　作成した実行化のファイルをシミュレータを使って動作させています．GUI画面を持つシミュレータのVirtual Platform Analyzerを使用しています（図6）．

　シミュレータは，マイコンの中で行われている動作を，パソコンで模擬するツールです．マイコン内部の様子が観察できるので，デバッグにも有効です．

● ARM7シミュレータの入手とインストール（4ページ）

　Virtual Platform Analyzerの入手方法とインストール方法の解説です．

● 絶対必要！ Ｃ言語の基礎の基礎（12ページ）

　データの扱い方や演算子，制御構造，関数といったＣ言語の基本について解説しています．

● 関数呼び出しとスタックの関係を知ろう（8ページ）

　関数の記述方法や，関数を呼び出したときにプロセッサの中で行われる動作について解説しています（図7）．

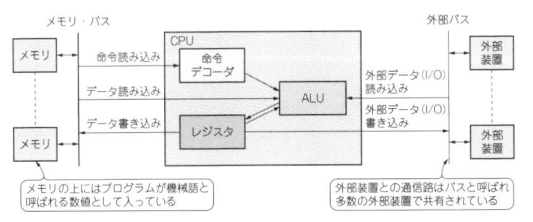

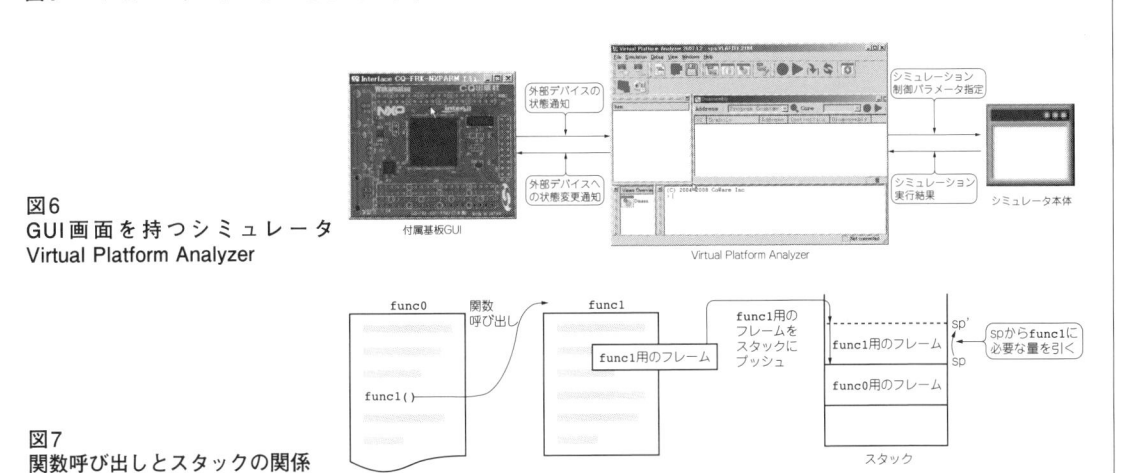

図5　コンピュータ・システムとCPUの仕組み

図6
GUI画面を持つシミュレータ
Virtual Platform Analyzer

図7
関数呼び出しとスタックの関係

マルチコア・プロセッサのファームウェア開発

（Design Wave Magazine 2003年12月号）

8ページ

　汎用プロセッサ・コアやDSPコアを1チップに集積したマルチコア・プロセッサのファームウェア開発における，処理分散の考え方やテストの方法についての解説です．ARM925コアとDSP(TMS320C55x)コアを持つOMAP5910プロセッサを使ったMP3プレーヤを例に具体的に説明しています(図8)．

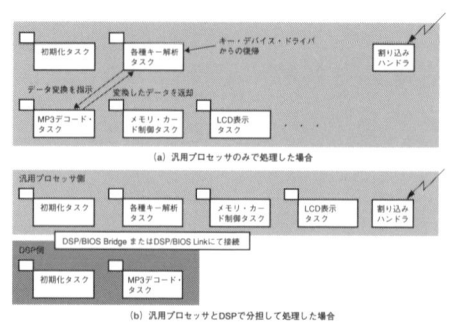

図8　マルチコア・プロセッサによるMP3プレーヤの処理

ハードウェア/ソフトウェア協調設計が容易なElectronic System Level設計について

（Interface 2009年6月号）

6ページ

　Interface 2009年4月号などで取り上げられているARM7シミュレータのVirtual Platform AnalyzerのようなESL(Electric System Level)設計ツールを用いたハードウェア/ソフトウェア協調設計についての解説です(図9)．

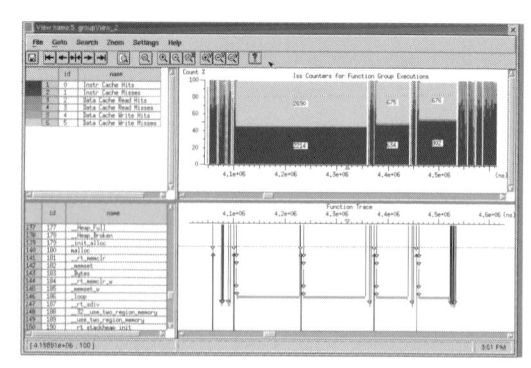

図9　ハードウェア/ソフトウェア分割のための解析ツール

ソフトウェア資産の再利用と移植性の高いプログラミング方法

（Interface 2010年1月号）

8ページ

　ライン・トレース・カーの処理を，ARM，SH-2，V850の3種類のマイコンで実現しています．CPUに依存する処理を，アプリケーション部（制御アルゴリズム），共通部，CPU依存部に分けてライブラリ化して，アプリケーションの記述の際にはCPUを意識しないですむようにしています(写真1，図10)．

写真1　ライン・トレース・カーを3種類のマイコンで実現

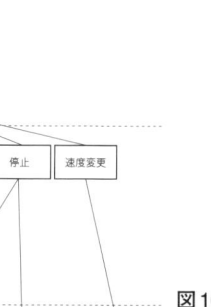

図10　ライン・トレース・カーの機能を振り分けてライブラリ化

特集 フリー・ソフトウェア活用組み込みプログラミング

(Interface 2005年1月号)

全51ページ

組み込みソフトウェア開発を行うためのクロス開発環境を，GNUツール群で構築し，活用する方法をまとめた特集です．

「CQ RISC評価キット/XScale」をターゲットにしています．

● GNUツールによるクロス開発環境を構築しよう（6ページ）

Windows環境にCygwinをインストールしてUNIX環境を構築しています．また，ARM/XScale用のクロス開発環境をインストールしています．

● ターゲットCPU向けコンパイルと実行をしてみよう（7ページ）

構築したクロス開発環境で，プログラムを作成する方法の解説です．ソース・コードの記述からリンクまでの一連の流れの他，スタートアップ・ルーチンやリンカ・スクリプトの記述について詳しく説明しています（図11）．

● C言語標準ライブラリ(newlib)を使ってみよう（6ページ）

シリアル・ポートを標準入出力コンソールとして使い，printf()関数でメッセージを表示できるようにするライブラリを作成しています．

● ARM/Thumb混在プログラムの作成とARM性能評価（5ページ）

32ビットARM命令と16ビットThumb命令が混在したときのソース・コードの記述と，コンパイル/リンクの方法を説明しています．また，ベンチマーク性能を評価しています．

● GDB + Insightによる実機デバッグ環境を構築しよう（13ページ）

GNUで標準的なデバッガのGDBと，GUI対応デバッガのInsightによるデバッグ環境を構築する方法を説明しています（図12）．

● プログラムのROM化手法の実際（5ページ）

電源投入後にプログラムをROMから実行するための方法を解説しています．

● ブート・プログラムeCos RedBootの使い方と活用事例（9ページ）

電源投入後にシステムの初期化やOSの立ち上げなどを行うブート・プログラムについて説明しています．リアルタイムOSのeCosをベースにしたRedBootを移植しています．

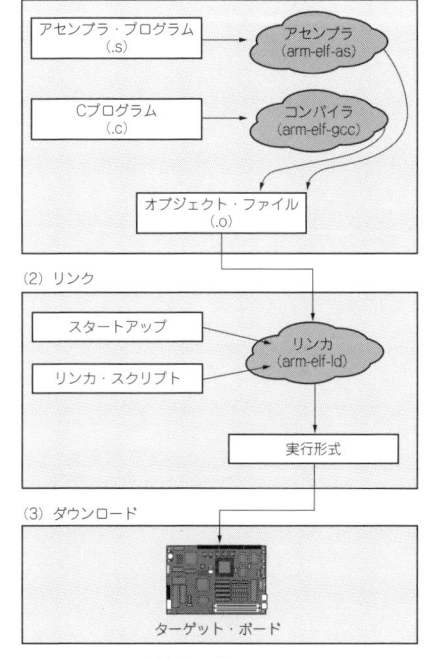

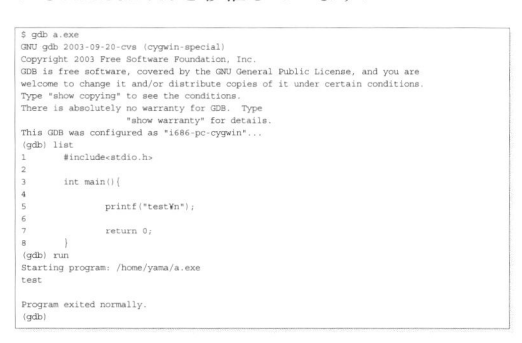

図11 クロス開発の流れ

図12 デバッガの画面

(a) GDBの画面（コンソール・ベース）

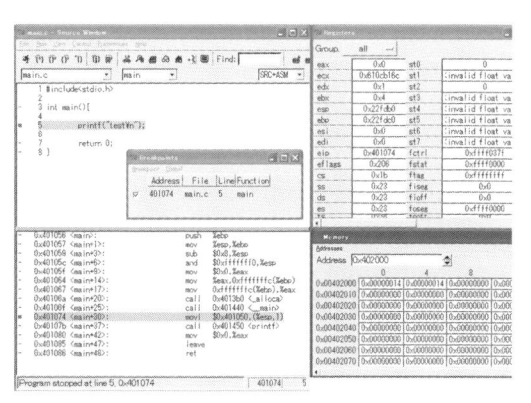

(b) Insightの画面（GUIベース）

統合開発環境を用いた組み込み開発の事例

（Interface 2004年5月号）　**11ページ**

　Linuxが動作するARMプロセッサ・ボード向けのアプリケーション開発手法の解説です．統合開発環境として，メトロワークスのCodeWarrior Development Studio Embedded Linux Application Limited Editionを取り上げています（**図13**）．

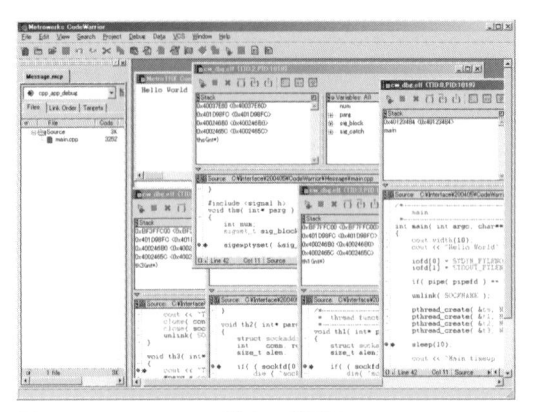

図13　CodeWarriorのデバッグ画面

MMUのメモリ保護機能を使ったプログラミング

（Interface 2008年11月号）　**17ページ**

　MMU（Memory Management Unit）のアドレス変換やアドレス保護機能を実現するプログラムについて解説しています（**図14**）．ARM926コアを想定しています．

　MMUは，プロセスごとに独立した仮想アドレス空間を持たせたり，プロセスが暴走しても他のプロセスに影響を与えないようにしたりする，OSの機能を実現するために使われます．

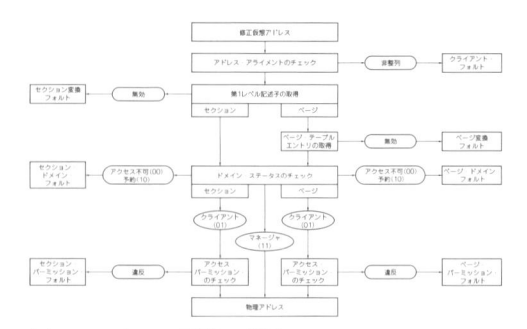

図14　アクセス保護の手順

タイマを使った割り込みプログラミング

（Interface 2001年12月号）　**7ページ**

　連載「ARMプロセッサ徹底活用研究」の第5回です．CPUに内蔵されているタイマ機能を使って割り込みを発生させるプログラムについて解説しています（**図15**）．ARM7DTMIコアのMN1A7T0200を対象に説明しています．

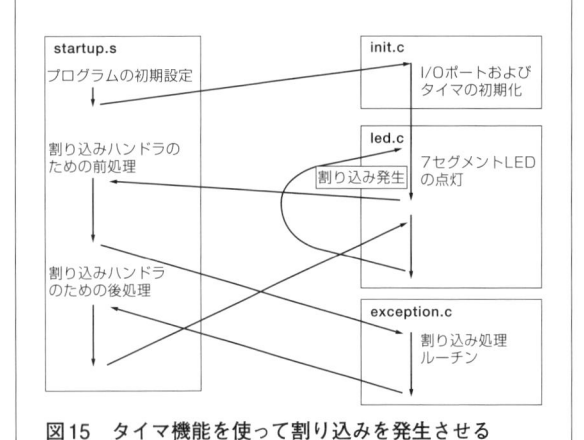

図15　タイマ機能を使って割り込みを発生させる

ARMマイコン基板を使ったネットワーク・テスト・プログラムの作成

（Interface 2009年7月号）　**13ページ**

　Interface 2009年5月号に付属したARM7TDMI-SコアのLPC2388マイコン基板をネットワークに接続するためのEthernetドライバの開発事例です．Ethernetコントローラの初期化やEthernetフレームの送受信処理などを詳細に説明しています（**図16**）．

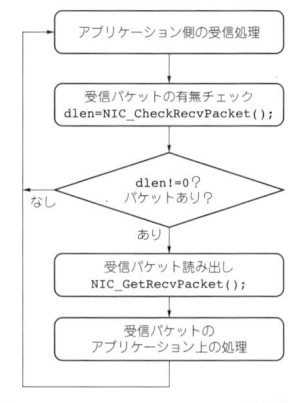

図16　Ethernetフレームの受信処理

Bluetoothプロトコルスタックの開発と検証

（Interface 2003年2月号） 11ページ

　LinuxベースのBluetooth通信システムの開発方法の解説です．ARM7コアのプロセッサを搭載するボードとBluetoothプロトコル・スタックなどで構成される評価キット「At-BT-EVA」（アットマークテクノ）を例に，使い方を具体的に説明しています（図17）．

図17　プロトコル・スタックのレイヤ

Cortex-M3搭載マイコンによるフリーTCP/IPプロトコル・スタックlwIPの評価

（Interface 2009年12月号） 13ページ

　オープン・ソースのTCP/IPプロトコル・スタックlwIPを取り上げています．Ethernet MACとPHYを内蔵する，Cortex-M3コアのLM3S6965マイコン（Luminary Micro社；当時）で動作させています（写真2）．
　LM3S6965マイコンや開発環境についての説明もあります．

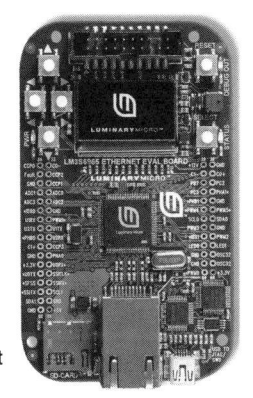

写真2
LM3S6965 Ethernet
Evaluation Kit

ARM対応クロス開発環境の構築とその使い方

（Interface 2007年12月号） 17ページ

　GCCを使った組み込みソフトウェアの開発環境と，GDBによるデバッグ環境を構築しています．ARM7TDMIコアのマイコンをターゲットにしています．ARMアーキテクチャの解説もあります．

付属ARMマイコン基板対応GCCクロス開発環境の使い方

（Interface 2009年8月号） 11ページ

　GCCを使った組み込みソフトウェアの開発環境と，GDBによるデバッグ環境の構築と使い方の説明です．Interface 2009年5月号に付属したLPC2388マイコン基板（ARM7TDMI-Sコア）をターゲットにしています．

Thumb-2対応GCCクロス開発環境の構築

（Interface 2008年11月号） 11ページ

　GCCを使った組み込みソフトウェアの開発環境と，GDBによるデバッグ環境を構築しています．Cortex-M3コアのマイコンをターゲットにしています．

ARM付録基板用GDBスタブの作成

（Interface 2006年5月号） 10ページ

　InsightとGDBによるデバッグ環境を構築と使い方の説明です．Design Wave Magazine 2006年3月号に付属されたADuC7026マイコン基板（ARM7TDMIコア）をターゲットにしています．

安価なARM7 CPUボードでJTAGツールを使おう

(Interface 2005年11月号/12月号)　　　前編 9ページ　後編 8ページ

　オープン・ソースのツールを取り入れてJTAGによるARMマイコンのデバッグ環境を構築する方法を解説しています．「MINI EZ-USB」（オプティマイズ）をJTAGプローブとして使用しています（**写真3**）．ターゲットとして使用するボードは，「EZ-ARM7」（オプティマイズ）です．このボードは，ARM7DTMI-SコアのLPC2214（Philips Semiconducotr社；当時）を搭載しています．

　前編では，ターゲットのマイコンやARM7のJTAG機能について解説しています．また，JTAGインターフェースを使ってマイコンのフラッシュ・メモリを書き換える方法も説明しています．

　後編では，JTAGデバッガの実装方法を解説しています（**図18**）．GDBインターフェースの通信仕様やJTAGデバッグ機能などの説明があります．また，環境の構築からデバッグまでの具体的な手順も示されています．

写真3　MINI EZ-USBをJTAGプローブとして使用

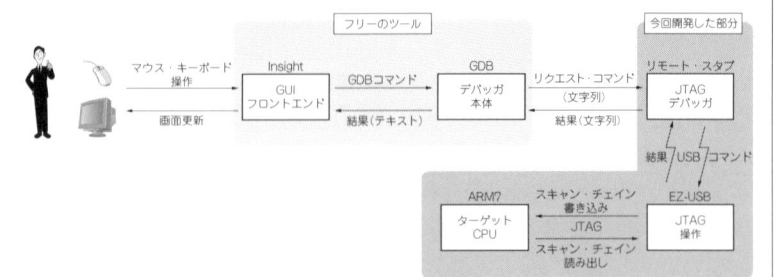

図18　JTAGデバッガの実装方法

マルチJTAGアダプタの製作とARMマイコンのデバッグ

(Interface 2010年8月号)　　　7ページ

　複数のCPU/FPGA/NOR型フラッシュ・メモリに対応するJTAGアダプタを製作し，オープン・ソースのソフトウェアを組み合わせてデバッグ環境を構築しています（**図19**）．

　JTAGアダプタでは，FTDI（Future Technology Device International）社のUSBインターフェースIC「FT2232」を使用しています（**写真4**）．

　ARMプロセッサ向けのJTAGデバッガは，フリー・ソフトウェアの「DAIICE for ARM」を使用しています．

（a）AE-FT2232D（秋月電子通商）使用版

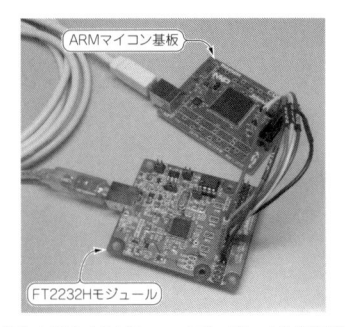

（b）USB-101（ヒューマンデータ）使用版

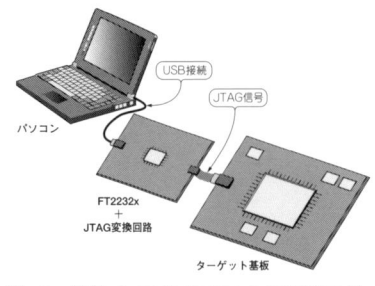

図19　複数のCPU/FPGA/NOR型フラッシュ・メモリに対応するJTAGアダプタ

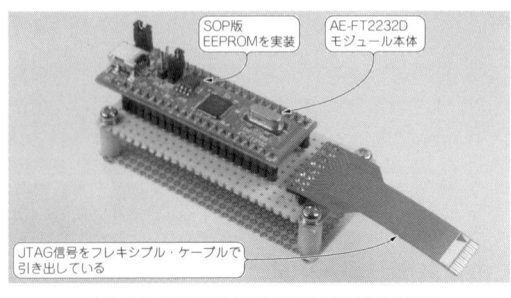

写真4　マルチJTAGアダプタ

各社CPU内蔵フラッシュROM書き換えツールの使い方

(Interface 2008年11月号)　　14ページ

以下のARMマイコンに対応する，内蔵のフラッシュ・メモリの内容を書き換えるツールを紹介しています(図20).
- Atmel社AT91SAMシリーズ(ARM7TDMIコア)向けの「SAM-PROG」と「SAM-BA」
- Analog Devices社ADuC7000シリーズ(ARM7TDMIコア)向けの「ARMWSD」
- NXP Semiconductors社LPC2000シリーズ(ARM7TDMI-Sコア)向けの「LPC2000 Flash Utility」
- STMicroelectronics社STM32シリーズ(Cortex-M3コア)向けの「Flash loader demonstrator」

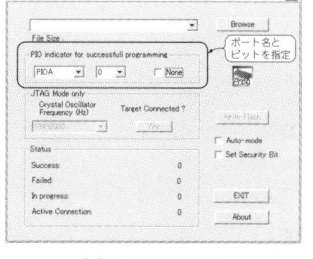

(a) SAM-PROG 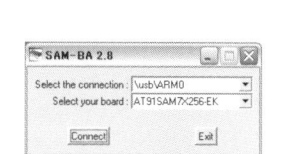　　(b) SAM-BA 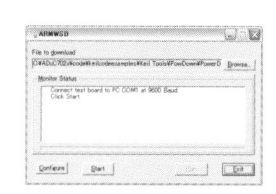　　(c) ARMWSD 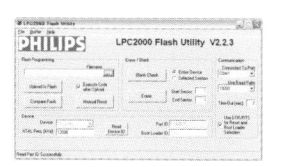　　(d) LPC2000 Flash Utility 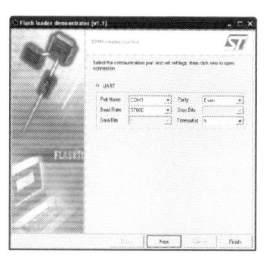　　(e) Flash loader demonstrator

図20　フラッシュROM書き換えツール

5月号付属ARM基板を使いこなすためのポイント

(Design Wave Magazine 2008年7月号)　　7ページ

Design Wave Magazine 2008年5月号に付属したSTM32マイコン基板で使用する統合開発環境でマイコンのメモリにプログラムを書き込む際の注意点と具体的な設定方法を解説しています.

低価格JTAGツールの紹介もあります(写真5).

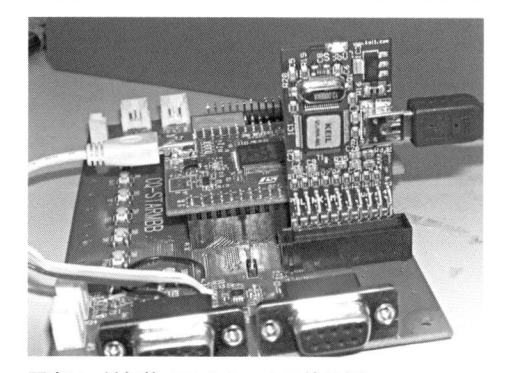

写真5　低価格JTAGツールの使用例

マスストレージ・クラスを応用したセカンダリ・ブート・ローダの移植

(Interface 2010年3月号)　　9ページ

LPC2388マイコンのセカンダリ・ブート・ローダの解説です．Interface 2009年5月号に付属したLPC2388マイコン基板をホスト・パソコンのUSBに接続して，ドラッグ＆ドロップで書き込めるようになります．

CPU外部バスの活用とシリアル・ダウンローダの作成

(Interface 2009年11月号)　　7ページ

Interface 2009年5月号に付属されたLPC2388マイコン基板向けの簡易ダウンローダを製作しています．シリアル・インターフェース経由でプログラムを書き込んで，起動できるようになります．

LPC2388の外部バス・インターフェースについての解説もあります．

第6章 OS

Android, Linux, μITRON
編集部

ここでは，ARMプロセッサでOSを活用する記事を集めています．カーネルの移植方法や，デバイス・ドライバ，アプリケーション・プログラムの作成などがあります．

記事で取り上げられているOSには，AndroidやLinux，eCos，QNX，μITRONがあります．μITRON準拠のリアルタイムOSとしてTOPPERS，μC/Compact，NORTiがあります．

本書付属CD-ROMにPDFで収録したOSに関する記事の一覧を表1に示します．

表1 OSに関する記事の一覧（複数に分類される記事は，他の章で概要を紹介している場合がある）

記事タイトル	掲載号	ページ数	PDFファイル名
ARMプロセッサの上でリアルタイムOSを動かす	Design Wave Magazine 2006年4月号	11	dw2006_04_039.pdf
ARM Cortex-M3プロセッサ上でリアルタイムOSを動かす	Design Wave Magazine 2008年8月号	12	dw2008_08_118.pdf
QNXにおける組み込みメソッド	Interface 2001年12月号	5	if_2001_12_078.pdf
eCosの現状とiPAQへのインストール	Interface 2001年12月号	10	if_2001_12_083.pdf
JSPカーネル移植のための基礎知識	Interface 2004年11月号	6	if_2004_11_192.pdf
ターゲットへのTOPPERSの移植	Interface 2004年12月号	6	if_2004_12_168.pdf
デバイス・ドライバの移植とカーネル移植の完了	Interface 2005年2月号	7	if_2005_02_109.pdf
ゲームボーイアドバンスで動作するTOPPERS/JSPカーネル	Interface 2005年3月号	11	if_2005_03_156.pdf
ARM Cortex-M3基板へのTOPPERS/ASPカーネルの移植	Interface 2008年12月号	12	if_2008_12_088.pdf
NORTiを各種ARM系CPUへ移植する	Interface 2008年12月号	15	if_2008_12_123.pdf
付属基板によるリアルタイムOSとTCP/IPスタックの動作	Interface 2009年6月号	11	if_2009_06_097.pdf
ARM用クロス開発環境のセットアップ手順	Interface 2009年10月号	2	if_2009_10_057.pdf
シミュレータと実機で動くLinuxカーネルの構築	Interface 2009年10月号	8	if_2009_10_059.pdf
ARM9用シミュレータVirtual Platformのインストール	Interface 2009年10月号	1	if_2009_10_067.pdf
簡単で基本的なデバイス・ドライバを書いてみよう！	Interface 2009年10月号	10	if_2009_10_068.pdf
GPIOサンプル・プログラムの動作	Interface 2009年10月号	2	if_2009_10_078.pdf
ARM9評価ボードにLinuxを移植する	Interface 2009年10月号	13	if_2009_10_080.pdf
Atmel社対応AT91シリーズ対応内蔵フラッシュROM書き換えツールの使い方	Interface 2009年10月号	2	if_2009_10_093.pdf
ARM9拡張子基板をLinuxから活用する	Interface 2009年11月号	5	if_2009_11_183.pdf
i.MX51搭載ボードM2IDにAndroidを移植する	Interface 2010年4月号	7	if_2010_04_088.pdf

記事タイトル	掲載号	ページ数	PDFファイル名
リアルタイムOSを使って組み込みシステムを楽々開発！	Interface 2010年5月号	4	if_2010_05_044.pdf
組み込みシステムでリアルタイムOSを採用する理由	Interface 2010年5月号	6	if_2010_05_048.pdf
付属DVD-ROMの使い方	Interface 2010年5月号	2	if_2010_05_054.pdf
フリー開発環境のインストールと設定	Interface 2010年5月号	8	if_2010_05_056.pdf
ARMマイコン上で実行可能なコードを生成する方法	Interface 2010年5月号	8	if_2010_05_064.pdf
デバッガGDBの組み込み特有のテクニック	Interface 2010年5月号	7	if_2010_05_072.pdf
RTOS移植のためのARMマイコン「LPC2388」の単体機能をチェックする	Interface 2010年5月号	7	if_2010_05_079.pdf
TOPPERS/JSPの移植に必要な情報	Interface 2010年5月号	2	if_2010_05_096.pdf
TOPPERS/JSPをARMに移植する作業の実際	Interface 2010年5月号	15	if_2010_05_098.pdf
LED点滅でμITRONアプリケーション作成を実践する	Interface 2010年5月号	5	if_2010_05_113.pdf
EclipseによるTOPPERS/JSPのアプリケーション開発	Interface 2010年5月号	3	if_2010_05_119.pdf
TOPPERSを使ったメモリ・カード画像ビューア＆温度ロガーの製作	Interface 2010年5月号	10	if_2010_05_122.pdf
AT91SAM9XEシリーズへのTOPPERS/JSPの移植	Interface 2010年7月号	7	if_2010_07_169.pdf
Cortex-M1にFreeRTOSを実装する	Interface 2010年9月号	6	if_2010_09_195.pdf

i.MX51搭載ボードM2IDにAndroidを移植する

（Interface 2010年4月号）　7ページ

　組み込みボードへのAndroidのポーティング方法の解説です．ターゲットは，Cortex-A8コアのi.MX51（Freescale Semiconductor社，当時）を搭載するモバイル用アプリケーション開発環境の「M2ID」（丸文）です（写真1）．

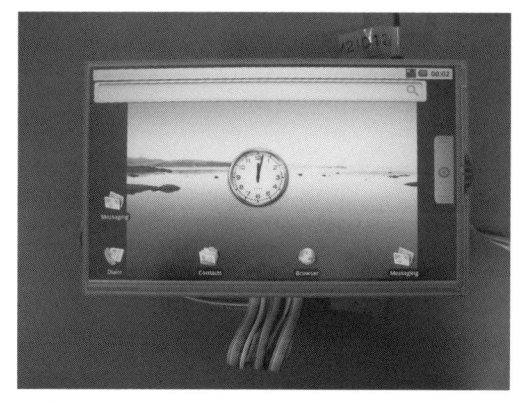

写真1　M2IDで動作するAndroid

ARM9拡張子基板をLinuxから活用する

（Interface 2009年11月号）　5ページ

　ARM9プロセッサ基板へのLinuxカーネルの移植方法の解説です．また，USBメモリやSDカードを使えるようにしています（写真2）．ターゲット・ボードは「組み込みシステム評価キット」の「オプションCPUカード/ARM9」（CQ出版社）です．ARM926EJ-SコアのAT91SAM9XEプロセッサ（Atmel社）を搭載しています．

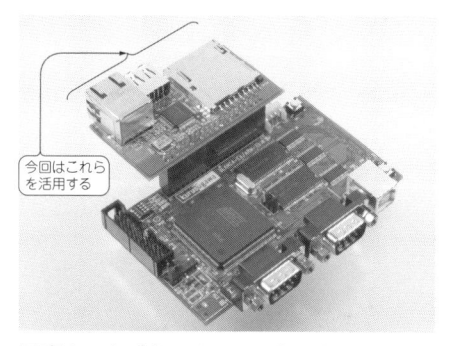

写真2　オプションCPUカード/ARM9でUSBメモリやSDカードを使う

特集 シミュレータと実機で学ぶ組み込みLinux入門

(Interface 2009年10月号)

全38ページ

　ARM9プロセッサを搭載するシステムを想定してLinuxカーネルのビルド，ルート・ファイル・システムの構築などについて解説した特集です．ターゲット・ボードは「組み込みシステム評価キット」の「オプションCPUカード/ARM9」(CQ出版社)です．ARM926EJ-SコアのAT91SAM9XEプロセッサ(Atmel社)を搭載しています．

● ARM用クロス開発環境のセットアップ手順（2ページ）

　Linuxのビルドなどで使う開発環境の説明です．仮想マシンのVMware Plaerを使い，WindowsパソコンにLinux開発環境を構築しています．

● シミュレータと実機で動くLinuxカーネルの構築（8ページ）

　Linuxカーネルの設定を行って，ビルドする手順を詳しく説明しています(図1)．出来上がったカーネルは，ARM9シミュレータVirtual Platform Analyzerで動作させています(図2)．

● ARM9用シミュレータVirtual Platformのインストール（1ページ）

　特集で利用しているARM9シミュレータVirtual Platform Analyzerのインストール方法の説明です．

● 簡単で基本的なデバイス・ドライバを書いてみよう！（10ページ）

　LEDやスイッチをLinuxから制御する際に使用できるGPIOデバイス・ドライバを作成しています(図3)．ARM9シミュレータを使って動作させます．

● GPIOサンプル・プログラムの動作（2ページ）

　AT91SAM9XEプロセッサの使い方の説明です．GPIO制御レジスタやLED/スイッチなどの仕様をまとめています．

● ARM9評価ボードにLinuxを移植する（13ページ）

　ターゲット・ボードへのLinuxの移植方法の解説です．Atmel社の評価ボード向けに提供されているLinuxの各種設定をターゲット・ボード向けに書き換えてビルドし直しています．

● Atmel社対応AT91シリーズ対応内蔵フラッシュROM書き換えツールの使い方（2ページ）

　ターゲット・ボード上のプロセッサのフラッシュ・メモリにプログラムを書き込むためのツール「SAM-BA」の使い方を説明しています．

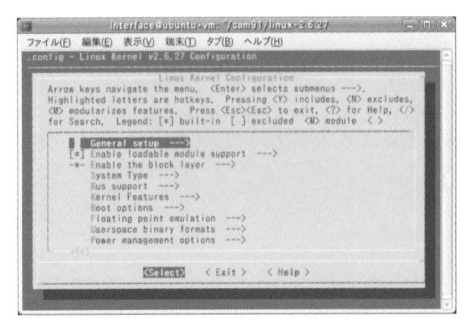

図1　menuconfigを使ったカーネルの設定

図2　シミュレータでLinuxが起動

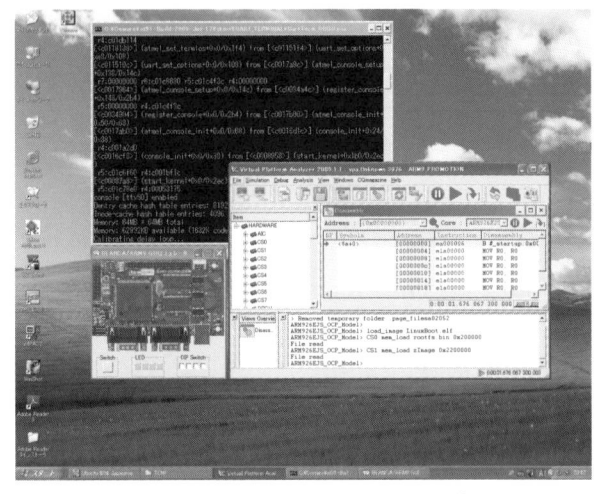

図3　シミュレータで動作するGPIOを使ったアプリケーション

連載 TOPPERSで学ぶRTOS技術

(Interface 2004年11月号〜2005年3月号)

全30ページ

　μITRON準拠のリアルタイムOS TOPPERS/JSPカーネルを題材に，リアルタイムOSとその周辺技術を解説する連載です．以下の各回で，ARMアーキテクチャのプロセッサを搭載するボードへの移植を行っています．

- JSPカーネル移植のための基礎知識
  (2004年11月号，6ページ)

　TOPPERS/JSPカーネルの構成や移植の際に使うツール，ターゲット・プロセッサについて説明しています．

- ターゲットへのTOPPERSの移植
  (2004年12月号，6ページ)

　TOPPERSカーネルのクロス開発環境をまとめたディストリビューション・パッケージ「PizzaFactory2」(図4)を利用して，ターゲット・ボードにTOPPERS/JSPを移植する手順を説明しています(図5)．

　ターゲット・ボードは，「CQ RISC評価キットXScale」(CQ出版社)です．XScaleアーキテクチャのPXA250プロセッサが搭載されています．

- デバイス・ドライバの移植とカーネル移植の完了(2005年2月号，7ページ)

　CQ RISC評価キットXScaleに移植したTOPPERS/JSPカーネルを動作させ，デバイス・ドライバを組み込んでサンプル・プログラムを動作させるまでを解説しています．

- ゲームボーイアドバンスで動作するTOPPERS/JSPカーネル(2005年3月号，11ページ)

　ターゲット・ボードの「ゲームボーイアドバンス」(任天堂)にTOPPERS/JSPを移植する手順を説明しています(写真3，図6)．ゲームボーイアドバンスには，ARM7TDMIコアのカスタム・チップが搭載されています．

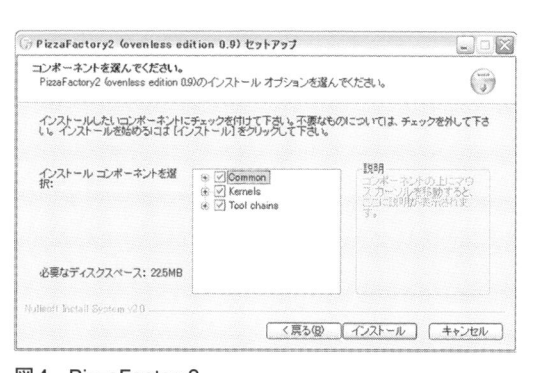

図4　PizzaFactory2

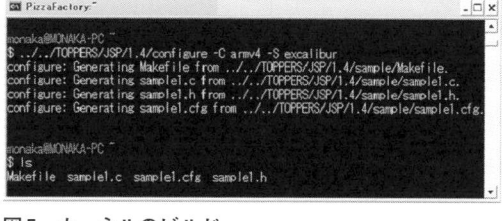

図5　カーネルのビルド

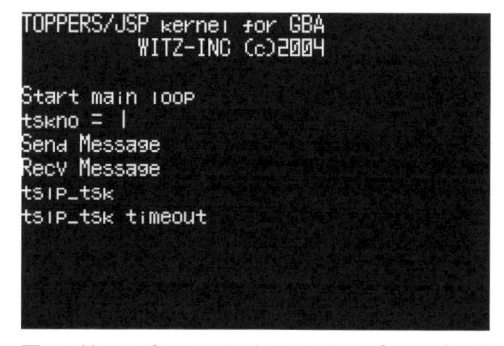

図6　ゲームボーイアドバンスでサンプル・プログラムが動作

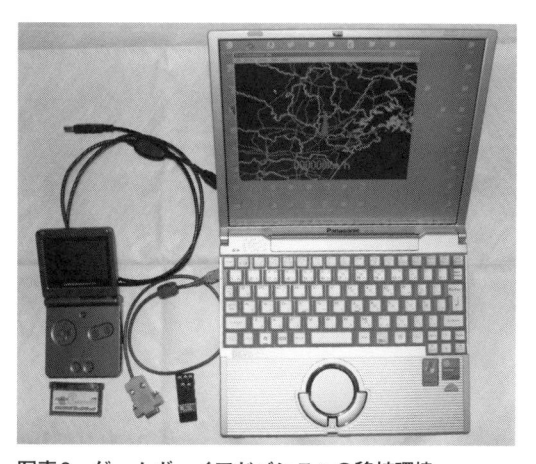

写真3　ゲームボーイアドバンスへの移植環境

特集 リアルタイムOSを使おう！ビルドで学ぶソフト開発

(Interface 2010年5月号)　　　　　　　　　　　　　　全82ページ

　ARMプロセッサでμITRON仕様のリアルタイムOS TOPPERS/JSPを使う方法をまとめた特集です．ターゲットは，ARM7TDMI-SコアのLPC2388（NXP Semiconductors社）です．Interface 2008年5月号に付属したLPC2388マイコン基板も使用できます．

● リアルタイムOSを使って組み込みシステムを楽々開発！（4ページ）

　特集のプロローグとして，全体構成やターゲット環境について説明しています．

● 組み込みシステムでリアルタイムOSを採用する理由（6ページ）

　時間的制約をクリアする仕組みやタスク管理，リソースの有効活用，ハードウェアの隠蔽といったリアルタイムOSが持つ特徴の解説です．

● 付属DVD-ROMの使い方（2ページ）

　Interface 2010年5月号に付属していたDVD-ROMに，特集で利用できるツール類が収録されていました．それらを使って開発環境を構築する方法を説明しています．

● フリー開発環境のインストールと設定（8ページ）

　ARMプロセッサでリアルタイムOSを使うための，クロス開発環境の構築方法を説明しています．必要なツールをすべてLinux環境で使えるようにしています．

● ARMマイコン上で実行可能なコードを生成する方法（8ページ）

　コンパイラやリンカなどのビルド・ツールの使い方です．アセンブリ言語で記述されているスタートアップ・ルーチンの内容についても説明しています．

● デバッガGDBの組み込み特有のテクニック（7ページ）

　サンプル・プログラムを使ったデバッガGDBの使い方の説明です．

● RTOS移植のためのARMマイコン「LPC2388」の単体機能をチェックする（7ページ）

　ターゲット・マイコンのLPC2388の仕様の説明です．GPIO，UART，割り込み，タイマなどの機能動作を簡単なプログラムを使って確認しています．

● TOPPERS/JSPの移植に必要な情報（2ページ）

　TOPPERS/JSPのカーネル・移植向けの資料を紹介しています．TOPPERS/JSPの構造にも触れています（図7）．

● TOPPERS/JSPをARMに移植する作業の実際（15ページ）

　ターゲットのLPC2388にTOPPERS/JSPのシステム依存部を移植する手順の解説です．

● LED点滅でμITRONアプリケーション作成を実践する（5ページ）

　LED点滅プログラムを例に，TOPPERS/JSPで動作するアプリケーション作成方法を解説しています．

● EclipseによるTOPPERS/JSPのアプリケーション開発（3ページ）

　GUIを使ったデバッグ方法の解説です．

● TOPPERSを使ったメモリ・カード画像ビューア＆温度ロガーの製作（10ページ）

　TCP/IPプロトコル・スタックTINETとファイル・システムFatFsを移植し，画像ビューワと温度ロガーを製作しています（図8）．

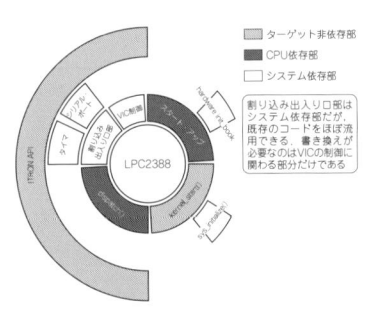

図7　LPC2388用TOPPERS/JSPの構造

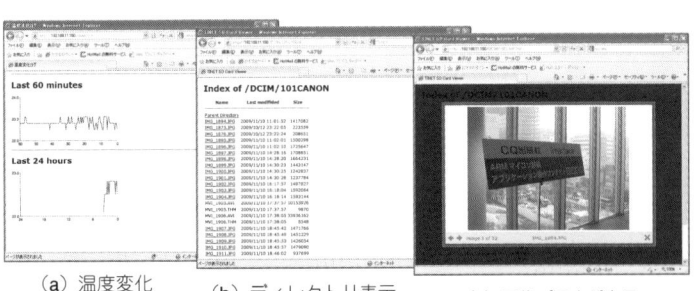

図8　TOPPERSを使ったメモリ・カード画像ビューア＆温度ロガー
（a）温度変化グラフ表示　（b）ディレクトリ表示　（c）画像ブラウザ表示

AT91SAM9XEシリーズへの TOPPERS/JSPの移植

（Interface 2010年7月号） **7ページ**

ARM926EJ-SコアのAT91SAM9XEプロセッサ（Atmel社）を搭載する「オプションCPUカード/ARM9」（CQ出版社）に，TOPPERS/JSPカーネルを移植し，サンプル・プログラムを動作させています．

ARMプロセッサの上で リアルタイムOSを動かす

（Design Wave Magazine 2006年4月号）

11ページ

Design Wave Magazine 2006年3月号に付属したARM7TDMIコアのADuC7026マイコン基板へTOPPERS/JSPカーネルを移植する手順を説明しています．

ARM Cortex-M3基板への TOPPERS/ASPカーネルの移植

（Interface 2008年12月号） **12ページ**

μITRON準拠のリアルタイムOS TOPPERS/ASPカーネルをDesign Wave Magazine 2008年5月号に付属したCortex-M3コアのSTM32マイコンで動作させる手順を説明しています．

ARM Cortex-M3プロセッサ上で リアルタイムOSを動かす

（Design Wave Magazine 2008年8月号）

12ページ

μITRON 4.0仕様のリアルタイムOS「μC/Compact」を，Design Wave Magazine 2008年5月号に付属したCortex-M3コアのSTM32マイコンで動作させる手順を説明しています．

QNXにおける組み込みメソッド

（Interface 2001年12月号） **5ページ**

リアルタイムOSプラットホームの「QNX Realtime Platform」の特徴や，システム開発手法についての解説です．携帯端末でWebタブレット・アプリケーションを作成しています．ターゲットはStrongARM SA-1110を搭載するPocket PC「iPAQ」です．

NORTiを各種ARM系CPUへ 移植する

（Interface 2008年12月号） **15ページ**

μITRON準拠のリアルタイムOS「NORTi」（ミスポ）の特徴や開発環境について説明しています．
以下の3種類のARMマイコン搭載ボードに対して移植を行っています．ハードウェア構成が近いサンプルを修正しながら，初期化ルーチンや割り込み機能などを実装していく様子が，具体的に示されています．
- STMicroelectronics社「STM32-P103」
  （Cortex-M3コア STM32F103搭載）
- Atmel社「SAM7-EX256」
  （ARM7TDMI-SコアAT91SAM7X256搭載）
- NXP Semiconductors社「LPC-P2148」
  （ARM7TDMI-SコアLPC2148搭載）

eCosの現状と iPAQへのインストール

（Interface 2001年12月号） **10ページ**

オープン・ソースのリアルタイムOS「eCos」の開発環境について解説しています．StrongARM SA-1110を搭載するPocket PC「iPAQ」に実装しています．

第7章 製作事例

センサ・データの処理やモータ制御，音声/画像処理など
編集部

　ここでは，ARMプロセッサ・コアを内蔵するマイコンを用いたアプリケーション製作事例についての記事を集めています．Design Wave Magazine 2008年5月号に付属したSTM32マイコン基板，Design Wave Magazine 2006年3月号に付属したADuC7026マイコン基板，Interface 2009年5月号に付属したLPC2388マイコン基板を使った事例が多くあります(**写真1**).

　本書付属CD-ROMにPDFで収録した製作事例に関する記事の一覧を**表1**に示します．

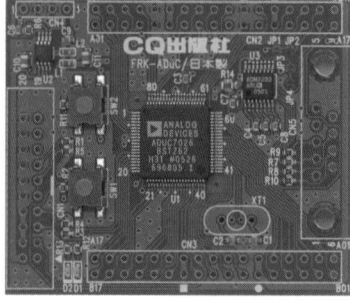

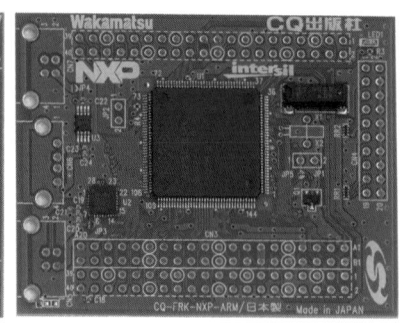

(a) STM32マイコン基板　　(b) ADuC7026マイコン基板　　(c) LPC2388マイコン基板

写真1　雑誌に付属したARMマイコン基板

表1　アプリケーション製作事例に関する記事の一覧(複数に分類される記事は，他の章で概要を紹介している場合がある)

記事タイトル	初出	ページ数	PDFファイル名
アナログ・データ・キャプチャの製作	Design Wave Magazine 2006年3月号	11	dw2006_03_109.pdf
ARMプロセッサでレーザ・ディスプレイ装置を実現する	Design Wave Magazine 2006年4月号	10	dw2006_04_050.pdf
ARMプロセッサでオーディオ・オシロスコープを実現する	Design Wave Magazine 2006年4月号	24	dw2006_04_060.pdf
画像フレーム・メモリとFPGAを使った画像処理プラットホーム	Design Wave Magazine 2007年10月号	7	dw2007_10_066.pdf
ADuC7026インターフェース回路の設計	Design Wave Magazine 2007年10月号	7	dw2007_10_073.pdf
ブロック崩しゲームの製作	Design Wave Magazine 2007年10月号	5	dw2007_10_080.pdf
3軸加速度センサの出力表示と簡単ゲーム「カエルがぴょん」	Design Wave Magazine 2008年5月号	4	dw2008_05_057.pdf
USB「空中マウス」の製作	Design Wave Magazine 2008年6月号	9	dw2008_06_047.pdf
システムの概要とサーボモータの制御	Design Wave Magazine 2008年6月号	10	dw2008_06_123.pdf
ARM基板を用いた波形ビューワの製作	Design Wave Magazine 2008年7月号	3	dw2008_07_100.pdf
複数のセンサからのアナログ信号を効率良く内蔵RAMに取り込む	Design Wave Magazine 2008年7月号	7	dw2008_07_130.pdf
ARM基板と有機ELタッチパネルを使った星空ナビゲータの製作	Design Wave Magazine 2008年8月号	18	dw2008_08_081.pdf
6軸センサの活用方法とプログラム構造	Design Wave Magazine 2008年9月号	16	dw2008_09_093.pdf
GPSモジュールの値をパソコンに取り込む	Design Wave Magazine 2008年9月号	8	dw2008_09_155.pdf

記事タイトル	初出	ページ数	PDFファイル名
USBスピーカ・システム&仮想COMポートの製作	Design Wave Magazine 2008年10月号	4	dw2008_10_107.pdf
天体の視位置計算入門	Design Wave Magazine 2008年10月号	13	dw2008_10_111.pdf
ロボットのふらつき防止制御とモーションの保存	Design Wave Magazine 2008年11月号	7	dw2008_11_094.pdf
ARM基板をEthernetに接続する	Design Wave Magazine 2009年2月号	9	dw2009_02_109.pdf
オープンソースで作るIP電話	Interface 2003年6月号	8	if_2003_06_116.pdf
「組込みLinux評価キット」(ELRK)を使った Webサーバの構築	Interface 2003年11月号	6	if_2003_11_175.pdf
ペン・タイプ形状ロジック・チェッカHL-49	Interface 2009年5月号	3	if_2009_05_072.pdf
Bluetoothによるマイコンとパソコンの通信システムの製作	Interface 2009年11月号	10	if_2009_11_084.pdf
ARMマイコン基板とPRoCを使ったワイヤレス通信の実験	Interface 2009年11月号	10	if_2009_11_106.pdf
ARMマイコン基板で ECHO, メール, Webメールを動作させる	Interface 2009年12月号	13	if_2009_12_076.pdf
.NET Micro Frameworkによるネットワーク端末の製作	Interface 2009年12月号	15	if_2009_12_089.pdf
付属ARM基板でできる!タッチ・パネル機器の開発 (ハードウェア編)	Interface 2010年2月号	8	if_2010_02_121.pdf
ARMマイコン基板を使ったUSB接続センサ・デバイスの製作	Interface 2010年3月号	12	if_2010_03_076.pdf
コミュニケーション・クラスを使った仮想シリアル・コンバータの作成	Interface 2010年3月号	14	if_2010_03_107.pdf
付属ARM基板でできる!タッチ・パネル機器の開発 (ソフトウェア編)	Interface 2010年3月号	9	if_2010_03_137.pdf
キー・タイプ・カウンタ"コイセ君"の製作	Interface 2010年4月号	9	if_2010_04_116.pdf
TOPPERSを使った メモリ・カード画像ビューア&温度ロガーの製作	Interface 2010年5月号	10	if_2010_05_122.pdf
MP3プレーヤ/フォトフレームの製作	Interface 2010年6月号	10	if_2010_06_160.pdf

MP3プレーヤ/フォトフレームの製作

(Interface 2010年6月号)　10ページ

　MP3/AAC/WAVファイルの再生とアルバム画像ファイルの表示ができる音楽プレーヤです(写真2).FMラジオの受信やJEPG画像のスライド表示の機能もあります(写真3).Interface 2009年5月号に付属したLPC2388マイコン基板を使用するコンテストの優勝作品です.

　LPC2388マイコン基板とLCDモジュール,FMチューナ・モジュール,CODECモジュール,リモコン受信モジュールなどを使って実現しています.システム全体で,LPC2388マイコンが持つほぼすべての機能を使いきっています.

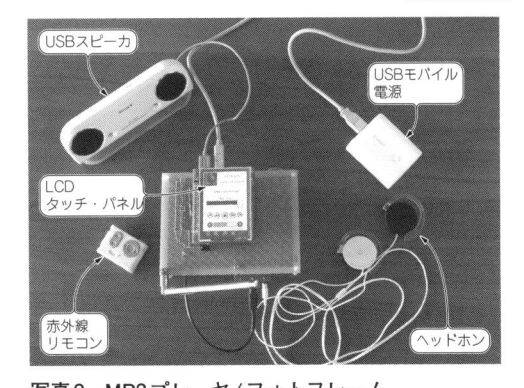

写真2　MP3プレーヤ/フォトフレーム

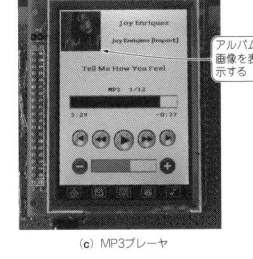

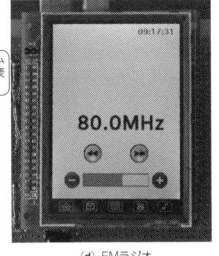

写真3　画面表示

(b) 時計/画像表示　　(c) MP3プレーヤ　　(d) FMラジオ

ARMプロセッサ活用記事全集

連載 体感型プラネタリウムを製作して夜空を探検しよう

（Design Wave Magazine 2008年8月号〜10月号）

全47ページ

　本体を向けた方向に見える天体をディスプレイに表示して，星の位置を案内してくれる星空ナビゲータです（写真4，図1）．Design Wave Magazine 2008年5月号に付属したSTM32マイコン基板に，有機ELディスプレイ，6軸センサ，GPSモジュール，時計ICを使って実現しています．

- ARM基板と有機ELタッチパネルを使った星空ナビゲータの製作（8月号，18ページ）

　ハードウェアの設計・製作とソフトウェア開発環境について解説しています．センサのキャリブレーション方法についての説明もあります．

- 6軸センサの活用方法とプログラム構造（9月号，16ページ）

　プログラムの全体構成やGPS制御，6軸センサで自分が向いている方角（方位角，高度角）を算出する方法などの解説です．

- 天体の視位置計算入門（10月号，13ページ）

　星空ナビゲータで採用している天体の視位置計算についての解説です．地図情報を利用して，ポータブル・ナビゲーション・システムへ改造する方法もあります．

（a）外観　　（b）使用している様子

写真4 星空ナビゲータ

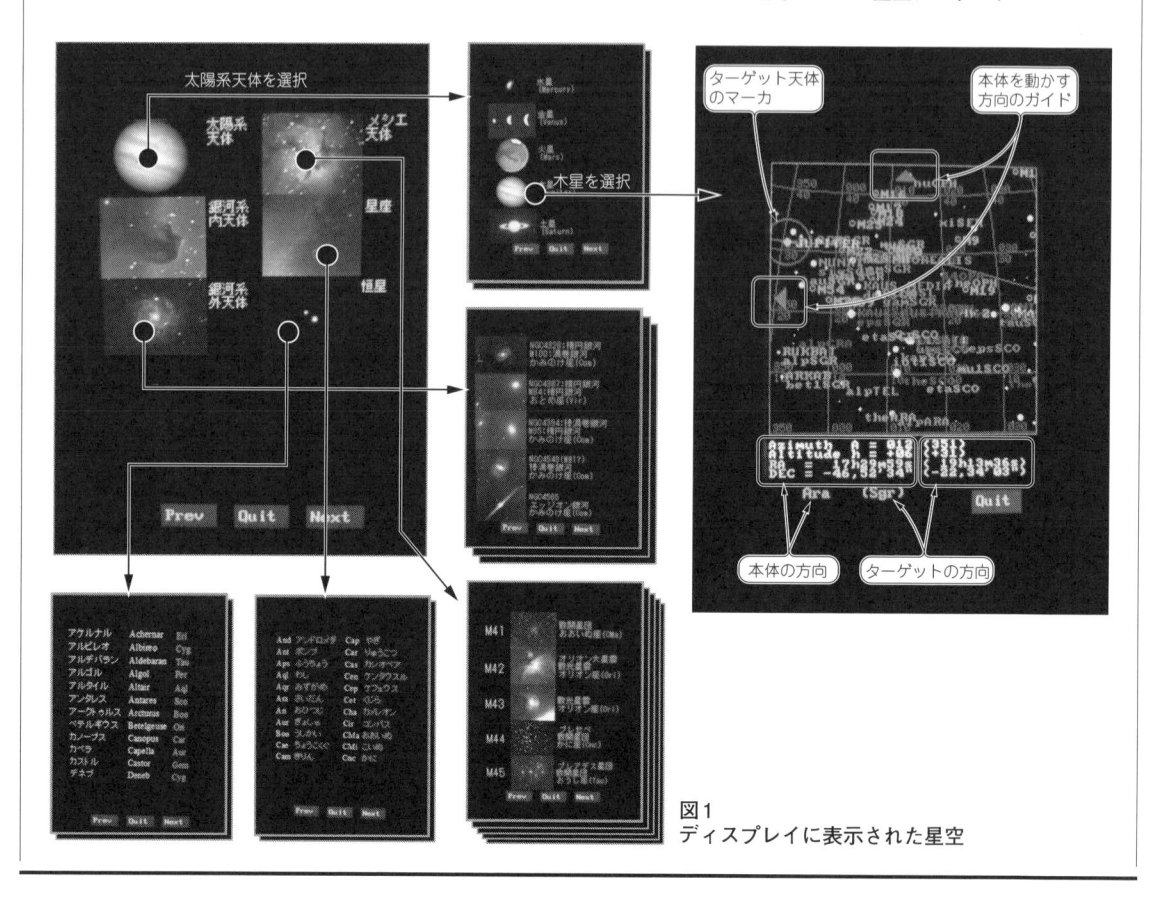

図1 ディスプレイに表示された星空

特集2 FPGA基板で始める画像処理回路入門 Part2

(Design Wave Magazine 2007年10月号)

全19ページ

FPGAをベースとしたVGAディスプレイやTFT液晶ディスプレイの表示回路です(**図2**).制御用プロセッサとして,ARM7DTMIコアのADuC7026を使っています.

● **画像フレーム・メモリとFPGAを使った画像処理プラットホーム**(7ページ)

FPGAとARMマイコンを搭載する画像ボードです.カメラ・モジュールから取り込んだ画像データに,簡単な処理を施して表示するまでを説明しています(**写真5**).

● **ADuC7026インターフェース回路の設計**(7ページ)

制御用プロセッサのADuC7026と画像処理用FPGAとのインターフェース回路の設計です.

● **ブロック崩しゲームの製作**(5ページ)

アプリケーションとして,ブロック崩しゲームを作成しています(**写真6**).ゲームの核となる部分はFPGAで実現していますが,スライド・ボリュームを使ったパドル制御にはADuC7026を使っています.

図2 画像表示回路の構成

写真5 カメラ・モジュールからの画像を処理して表示
(a) 元の画像「Design Wave Magazineとくまさんのある風景」
(b) くまさんを取り除いた画像
(c) くまさんのシルエットが差分として表示される

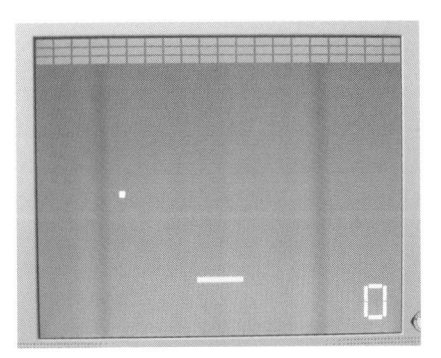

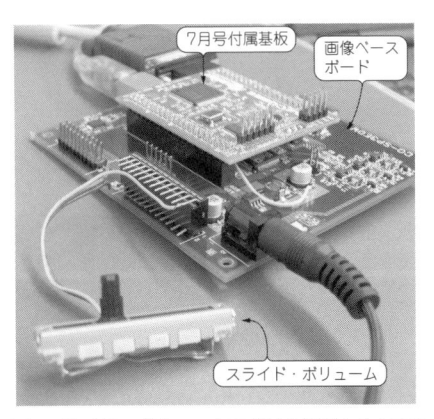

写真6 ブロック崩しゲーム
(a) 画面
(b) スライド・ボリュームでパドル位置を入力する

連載 ARMプロセッサを使用したロボット制御システムの製作

（Design Wave Magazine 2008年6月号～2009年2月号）

全41ページ

20個のモータを使った4足歩行型ロボット（**写真7**）で使われているコントローラです．Design Wave Magazine 2008年5月号に付属したSTM32マイコン基板を使っています．

- **システムの概要とサーボモータの制御（2008年6月号，10ページ）**

システム構成を説明し，制御回路や通信回路を設計しています．

- **複数のセンサからのアナログ信号を効率良く内蔵RAMに取り込む（2008年7月号，7ページ）**

複数のセンサで取得した情報をARMプロセッサで取り込む方法の解説です（**図3**）．連続して送られてくるアナログ信号をメモリに保存する仕組みを詳しく説明しています．

- **GPSモジュールの値をパソコンに取り込む（2008年9月号，8ページ）**

ロボットに搭載されているGPSモジュールのデータを，ZigBee経由でパソコンに取り込む方法の解説です．

- **ロボットのふらつき防止制御とモーションの保存（2008年11月号，7ページ）**

2足歩行ロボットの姿勢制御とロボット・ハンドの制御についての解説です．

- **ARM基板をEthernetに接続する（2009年2月号，9ページ）**

STM32マイコン基板にEthernetコントローラを接続してLAN接続できるようにしています（**写真8**）．

写真7　4足歩行型ロボット

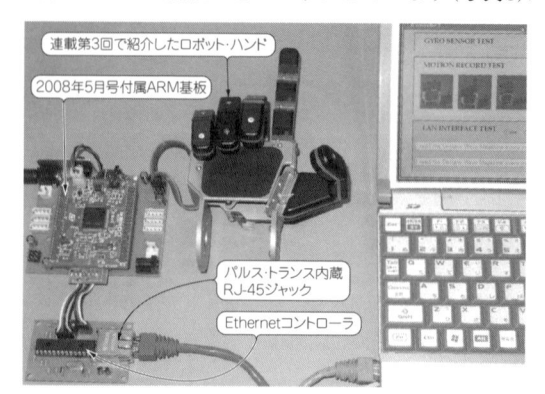

写真8　ロボット・ハンドとEthernet接続

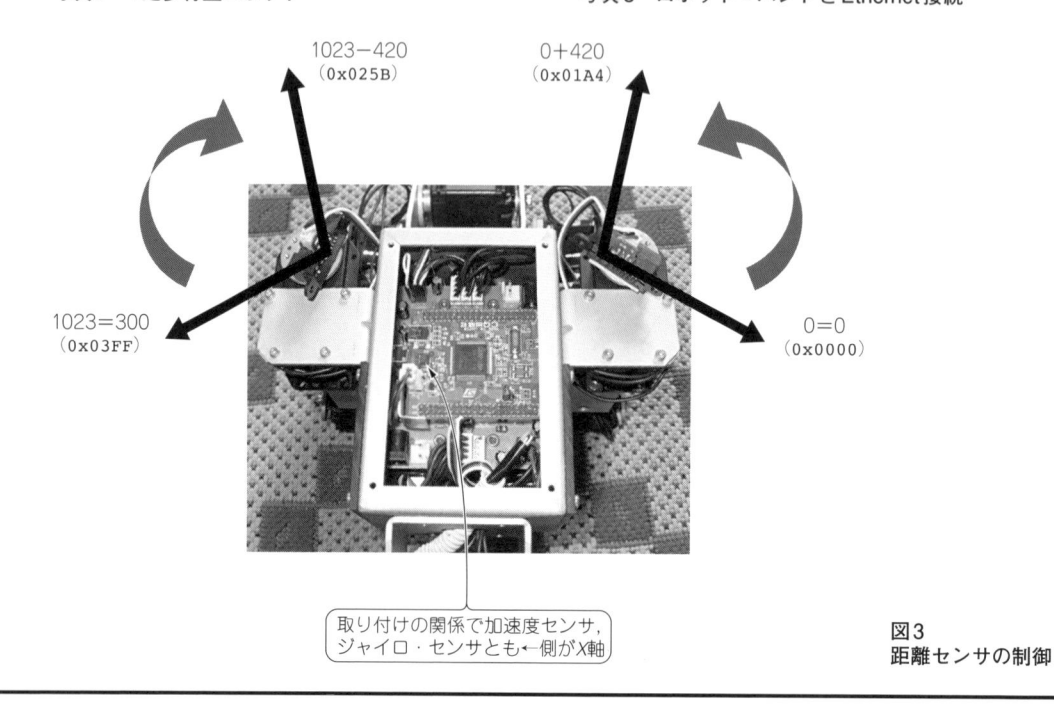

図3　距離センサの制御

ARMプロセッサでレーザ・ディスプレイ装置を実現する
（Design Wave Magazine 2006年4月号）

10ページ

　レーザ光を2枚のミラーで制御して走査することで画像表示を行うレーザ・ディスプレイ装置です（**写真9**）．Design Wave Magazine 2006年3月号に付属されたADuC7026マイコン基板を使っています．

写真9　レーザ・ディスプレイ装置

ARMプロセッサでオーディオ・オシロスコープを実現する
（Design Wave Magazine 2006年4月号）

24ページ

　音声データをSDカードに記録し，波形をグラフィックス表示する装置です（**写真10**）．Design Wave Magazine 2006年3月号に付属したADuC7026マイコン基板を使っています．

写真10　オーディオ・オシロスコープ

ARM基板を用いた波形ビューワの製作
（Design Wave Magazine 2008年7月号）

3ページ

　0～3.3Vのアナログ入力を16チャネル表示できる波形ビューワです（**図4**）．Design Wave Magazine 2008年5月号に付属したSTM32マイコン基板を使っています．

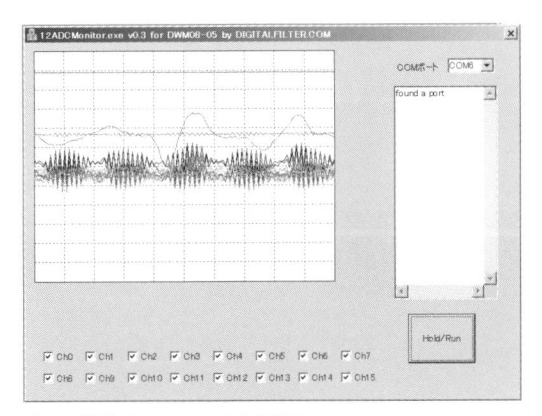

図4　波形ビューワの表示画面

USBスピーカ・システム＆仮想COMポートの製作
（Design Wave Magazine 2008年10月号）

4ページ

　パソコンからUSB出力されるディジタル・オーディオ信号をスピーカで再生するための装置です（**写真11**）．Design Wave Magazine 2008年5月号に付属したSTM32マイコン基板と，拡張ベース・ボードを使っています．

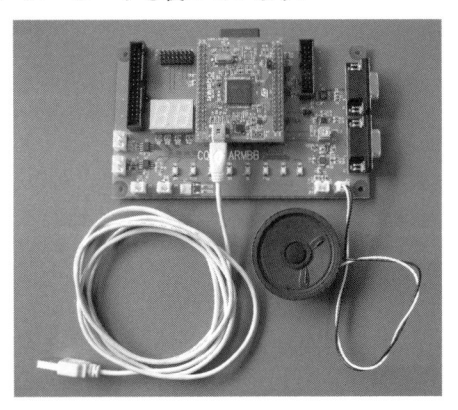

写真11　USBスピーカ・システム

キー・タイプ・カウンタ "コイセ君"の製作

（Interface 2010年4月号） 9ページ

パソコンとキーボードの間に接続して日々のキー入力数を記録する装置です（**写真12**）．Interface 2009年5月号に付属したLPC2388マイコン基板を使用するコンテストの入賞作品です．

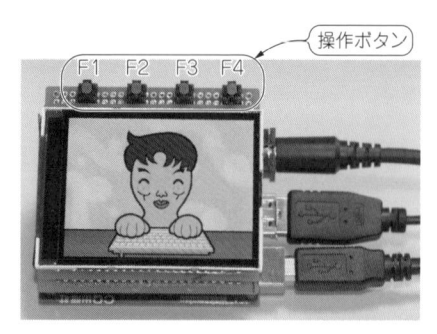

写真12 キー・タイプ・カウンタ

オープンソースで作るIP電話

（Interface 2003年6月号） 8ページ

市販の電話機を接続して使用できるIP電話の実験です．Linuxベースでオープン・ソースのプロトコル・スタックを使って実現しています．ARM720TコアのCS89712（Cirrus Logic社）を搭載するボードと，電話制御ボードを組み合わせた実験キットを使用しています（**写真13**）．

写真13 IP電話の実験キット

Bluetoothによるマイコンとパソコンの通信システムの製作

（Interface 2009年11月号） 10ページ

A-Dコンバータの値を定期的にサンプリングして，Bluetoothでパソコンに送信する端末です．Interface 2009年5月号に付属したLPC2388マイコン基板と，UART接続のBluetoothモジュールを使っています（**写真14**）．

写真14 A-Dコンバータの値を定期的にサンプリングして，Bluetoothでパソコンに送信する端末

ARMマイコン基板とPRoCを使ったワイヤレス通信の実験

（Interface 2009年11月号） 10ページ

独自プロトコルによる無線通信の実験です．Interface 2009年5月号に付属したLPC2388マイコン基板と，Cypress Semiconductor社の2.4GHz帯無線通信モジュールを使っています（**写真15**）．

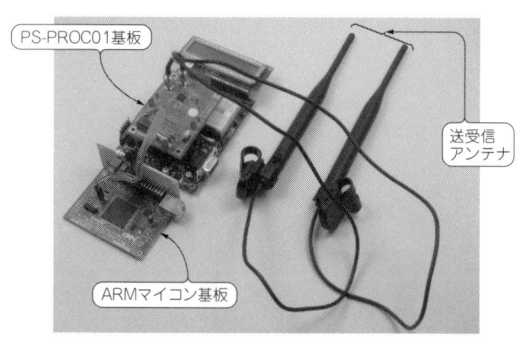

写真15 無線通信ハードウェア

付属ARM基板でできる！タッチ・パネル機器の開発

（Interface 2010年2月号/3月号）

ハードウェア編8ページ **ソフトウェア編9ページ**

タッチ・パネル操作のできるGUIアプリケーションです（**写真16**）．Interface 2009年5月号に付属したLPC2388マイコン基板と，3.5インチLCDパネルのタッチ・パネル・キットを使っています．

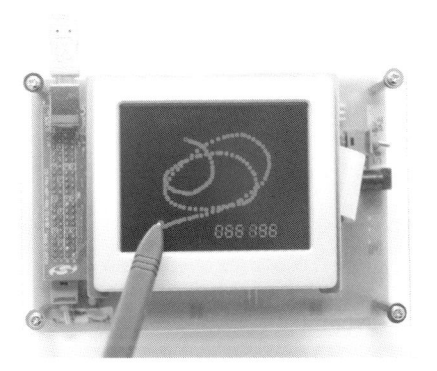

写真16 タッチ・パネル対応GUIアプリケーション

ARMマイコン基板を使ったUSB接続センサ・デバイスの製作

（Interface 2010年3月号） **12ページ**

3軸加速度センサ，照度センサ，8個のスイッチを搭載するUSB接続のセンサ・デバイスです（**写真17**）．HIDクラスで動作します．Interface 2009年5月号に付属したLPC2388マイコン基板を使っています．

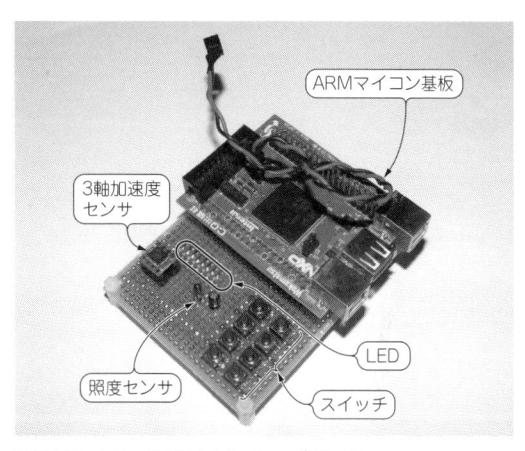

写真17 USB接続のセンサ・デバイス

ARMマイコン基板でECHO，メール，Webメールを動作させる

（Interface 2009年12月号） **13ページ**

送信した文字を送り返したり，メールを送信したりします．Ethernetに対応する，Interface 2009年5月号に付属したLPC2388マイコン基板と，組み込み向けのTCP/IPプロトコル・スタックを使っています．

「組込みLinux評価キット」（ELRK）を使ったWebサーバの構築

（Interface 2003年11月号） **6ページ**

ホームページの公開ができる組み込みボード・ベースのWebサーバです．ARM720TコアのCS89712（Cirrus Logic社）を搭載するボードを使用しています．

.NET Micro Frameworkによるネットワーク端末の製作

（Interface 2009年12月号） **15ページ**

組み込みマイコン向けの開発・実行環境.NET Micro Frameworkを使った，ネットワーク・アプリケーションです．ARM926コアのAT91SAM9260-CJ（Atmel社）を搭載する評価キットで動作させています．

コミュニケーション・クラスを使った仮想シリアル・コンバータの作成

（Interface 2010年3月号） **14ページ**

USBコントローラを内蔵するARMマイコンを使ったUSB-シリアル変換器です．ARM7TDMIコアのAT91SAM7（Atmel社）を搭載する2種類の評価ボードと，USB処理を行うライブラリを活用して実現しています．

ARMプロセッサ活用記事全集

- ●本書記載の社名，製品名について ── 本書に記載されている社名および製品名は，一般に開発メーカーの登録商標または商標です．なお，本文中ではTM，®，©の各表示を明記していません．
- ●本書掲載記事の利用についてのご注意 ── 本書掲載記事は著作権法により保護され，また産業財産権が確立されている場合があります．したがって，記事として掲載された技術情報をもとに製品化をするには，著作権者および産業財産権者の許可が必要です．また，掲載された技術情報を利用することにより発生した損害などに関して，CQ出版社および著作権者ならびに産業財産権者は責任を負いかねますのでご了承ください．
- ●本書付属のCD-ROMについてのご注意 ── 本書付属のCD-ROMに収録したプログラムやデータなどは著作権法により保護されています．したがって，特別の表記がない限り，本書付属のCD-ROMの貸与または改変，個人で使用する場合を除いて複写複製（コピー）はできません．また，本書付属のCD-ROMに収録したプログラムやデータなどを利用することにより発生した損害などに関して，CQ出版社および著作権者は責任を負いかねますのでご了承ください．
- ●本書に関するご質問について ── 文章，数式などの記述上の不明点についてのご質問は，必ず往復はがきか返信用封筒を同封した封書でお願いいたします．勝手ながら，電話でのお問い合わせには応じかねます．ご質問は著者に回送し直接回答していただきますので，多少時間がかかります．また，本書の記載範囲を越えるご質問には応じられませんので，ご了承ください．
- ●本書の複製等について ── 本書のコピー，スキャン，デジタル化等の無断複製は著作権法上での例外を除き禁じられています．本書を代行業者等の第三者に依頼してスキャンやデジタル化することは，たとえ個人や家庭内の利用でも認められておりません．

JCOPY 〈(社)出版者著作権管理機構委託出版物〉
本書の全部または一部を無断で複写複製（コピー）することは，著作権法上での例外を除き，禁じられています．本書からの複製を希望される場合は，(社)出版者著作権管理機構（TEL：03-3513-6969）にご連絡ください．

CD-ROM付き

本書に付属のCD-ROMは，図書館およびそれに準ずる施設において，館外へ貸し出すことはできません．

ARMプロセッサ活用記事全集 ［1700頁収録CD-ROM付き］

編 集	トランジスタ技術編集部
発行人	寺前 裕司
発行所	CQ出版株式会社
	〒112-8619 東京都文京区千石4-29-14
電 話	編集 03-5395-2123
	販売 03-5395-2141
振 替	00100-7-10665

ISBN978-4-7898-4560-1

2016年3月1日 初版発行
©CQ出版株式会社 2016
（無断転載を禁じます）

定価は裏表紙に表示してあります
乱丁，落丁本はお取り替えします

編集担当者 西野 直樹
DTP・印刷・製本 三晃印刷株式会社
表紙・扉・目次デザイン 近藤企画 近藤 久博
Printed in Japan